慕课版

New 新媒体 · 新传播 · 新运营 系列丛书
Media

手机摄影摄像
与短视频制作

刘晓敏 郭建忠 王子晨◎主编

孟雅 杨婷 江来◎副主编

U0262340

人民邮电出版社

北京

图书在版编目（CIP）数据

手机摄影摄像与短视频制作 ： 慕课版 / 刘晓敏，郭
建忠，王子晨主编. -- 北京 ： 人民邮电出版社，2024.3
（新媒体·新传播·新运营系列丛书）
ISBN 978-7-115-63372-9

Ⅰ. ①手… Ⅱ. ①刘… ②郭… ③王… Ⅲ. ①移动电
话机－摄影技术 Ⅳ. ①J41②TN929.53

中国国家版本馆CIP数据核字(2023)第247210号

内 容 提 要

本书集手机摄影摄像与短视频制作理论与实践教学于一体，系统地介绍了手机摄影摄像与短视频制作的各种方法、工具与相关技能，共分为8章，内容包括认识手机摄影摄像与短视频、手机摄影摄像的前期准备、手机摄影摄像的基本技法、手机摄影摄像与短视频拍摄工具、短视频后期剪辑基础、手机短视频后期剪辑工具、短视频剪辑特效制作，以及手机短视频拍摄与制作综合实战等。

本书既适合作为高等院校新媒体、数字媒体、电子商务等专业的教学用书，也可作为广大读者学习手机摄影摄像与短视频制作的参考用书。

◆ 主　编　刘晓敏　郭建忠　王子晨
　　副主编　孟　雅　杨　婷　江　来
　　责任编辑　连震月
　　责任印制　王　郁　彭志环
◆ 人民邮电出版社出版发行　　北京市丰台区成寿寺路 11 号
　　邮编　100164　　电子邮件　315@ptpress.com.cn
　　网址　https://www.ptpress.com.cn
　　天津市银博印刷集团有限公司印刷
◆ 开本：700×1000　1/16
　　印张：12.5　　　　　　　2024 年 3 月第 1 版
　　字数：280 千字　　　　　2024 年 12 月天津第 3 次印刷
　　　　　　　　定价：64.00 元

读者服务热线：(010)81055256　印装质量热线：(010)81055316
反盗版热线：(010)81055315
广告经营许可证：京东市监广登字 20170147 号

前言 |
_
_ Preface

　　随着科技的不断进步与创新，手机的功能越来越强大，手机让摄影摄像与短视频成为一种全新的流行文化。尤其是当前备受大众青睐的短视频，它激发了人们的创作欲望，满足了人们快速表达与社会化传播的需求。面对自己感兴趣或者熟悉的题材，人们可以随时随地举起手机进行拍摄，通过手机轻松记录生活中的美好时刻，而且用手机拍摄的作品更便于在社交媒体平台上传播。

　　虽然手机在一定程度上降低了摄影摄像与短视频制作的门槛，但想用手机拍摄出令人惊艳的作品也并非易事，因为这考验着人们对手机摄影摄像与短视频制作技术的理解与运用。

　　党的二十大报告提出："推进文化自信自强，铸就社会主义文化新辉煌。"短视频以其特有的传播方式，成为现代人精神文化来源的一大途径，也成为社会主义文化强国建设的重要组成部分。为了帮助读者快速掌握手机摄影摄像与短视频制作技术，编者精心策划并编写了本书，旨在帮助读者快速提升运用手机进行摄影摄像、图片处理与短视频制作的综合能力。

　　本书主要具有以下特色。

　　● 技术全面，内容丰富：本书涵盖使用手机摄影摄像与短视频制作的各种技术，引领读者快速掌握相关工具、方法与技巧，建立正确的创作思维，拍出优质的照片和短视频作品。

　　● 案例主导，学以致用：本书列举了大量手机摄影摄像与短视频制作的精彩案例，并对案例的拍摄与剪辑手法进行了深入剖析与讲解，使读者通过学习案例真正达到一学即会、举一反三的学习效果。

　　● 强化应用，注重技能：本书秉承"以应用为主线，以技能为核心"的宗旨，强调学、做、行一体化，在操作性较强的环节配有图文结合的步骤解析，让读者在学中做、在做中学，学做合一。

　　● 资源丰富，拿来即用：读者使用手机扫描封面和书中的二维码，即可观看本书配套的慕课视频。此外，本书还提供了丰富的立体化教学资源，包括PPT课件、教学大纲、电子教

前言
Preface

案、课程标准等，选书教师可以登录人邮教育社区（www.ryjiaoyu.com）下载并获取相关资源。

　　本书由刘晓敏、郭建忠、王子晨担任主编，由孟雅、杨婷、江来担任副主编。尽管编者在编写过程中力求准确、完善，但书中难免存在不足之处，恳请广大读者批评指正。

编　者

2024年1月

目录

Contents

第1章 认识手机摄影摄像与 短视频 ·················· 1

1.1 认识手机摄影摄像·············· 2

1.1.1 手机摄影摄像的特点 ········ 2

1.1.2 手机摄影摄像的基本 原理 ···················· 2

1.1.3 手机摄影摄像的发展现状 与趋势 ·················· 4

1.1.4 手机摄影摄像的认知误区 ··· 4

1.2 认识短视频·················· 5

1.2.1 短视频的特点·············· 5

1.2.2 短视频行业的发展现状 ····· 6

1.2.3 优质短视频的必备要素 ····· 8

1.2.4 短视频的制作流程 ········· 9

1.2.5 短视频的内容类型 ········ 10

1.2.6 短视频的呈现方式 ········ 14

1.2.7 常见的短视频平台 ········ 15

课后练习 ····················· 17

第2章 手机摄影摄像的前期 准备 ·················· 18

2.1 手机的选择与手机相机的基本 设置······················ 19

2.1.1 手机的选择·············· 19

2.1.2 手机相机的基本设置······· 19

2.2 手机拍摄技能准备 ············ 22

2.2.1 对焦与曝光············· 22

2.2.2 使用专业模式··········· 24

2.2.3 视频拍摄设置··········· 27

2.2.4 拍摄画幅的选择········· 29

2.3 手机拍摄辅助设备准备 ········· 30

课后练习 ····················· 33

第3章 手机摄影摄像的基本 技法 ·················· 34

3.1 选择景别··················· 35

3.2 画面构图 ·················· 37

3.2.1 画面构图的布局元素····· 37

3.2.2 画面构图的要素 ········· 38

3.2.3 常用的画面构图方式····· 39

3.3 选择取景视角··············· 43

3.4 光线运用与场景布光·········· 45

3.4.1 选择光线方向··········· 45

3.4.2 场景布光 ·············· 47

3.5 拍摄运镜与转场············· 49

3.5.1 运动镜头·············· 49

3.5.2 转场技巧·············· 52

3.6 拍摄录音 ················· 53

3.6.1 录制画外音············· 53

3.6.2 录制同期声············· 53

3.7 撰写短视频脚本············· 54

目录
Contents

3.7.1　撰写拍摄提纲…………54

3.7.2　撰写分镜头脚本………55

3.8　手机短视频拍摄实战案例………56

3.8.1　拍摄人物Vlog…………57

3.8.2　拍摄旅拍短视频………61

课后练习………………………66

第4章　手机摄影摄像与短视频拍摄工具…………67

4.1　手机自带相机……………68

4.2　手机相机App……………73

4.2.1　轻颜相机………………73

4.2.2　无他相机………………75

4.2.3　美颜相机………………76

4.2.4　Faceu激萌………………78

4.3　图片处理App……………80

4.3.1　美图秀秀………………80

4.3.2　醒图……………………81

4.3.3　天天P图…………………83

4.4　短视频拍摄工具…………84

4.4.1　抖音……………………84

4.4.2　快手……………………86

4.4.3　微视……………………87

4.4.4　美拍……………………89

课后练习………………………90

第5章　短视频后期剪辑基础…………91

5.1　短视频后期剪辑流程与原则……92

5.1.1　短视频后期剪辑的基本流程………………92

5.1.2　音乐的选择与编辑………93

5.1.3　短视频调色原则…………93

5.1.4　短视频字幕设计原则……95

5.2　镜头组接方法……………96

5.2.1　镜头组接常用的剪辑方法………………96

5.2.2　剪接点的选取……………98

5.2.3　转场方式及运用…………99

5.2.4　短视频剪辑需要注意的问题…………………101

课后练习……………………102

第6章　手机短视频后期剪辑工具…………103

6.1　剪映………………………104

6.1.1　认识剪映工作界面……104

6.1.2　修剪视频素材…………106

6.1.3　添加背景音乐…………108

6.1.4　调整播放速度…………110

目录
Contents

6.1.5 制作动画效果…………111

6.1.6 添加转场效果…………113

6.1.7 短视频调色…………114

6.2 快影 ●…………………**116**

6.2.1 认识快影工作界面……116

6.2.2 制作音乐MV…………118

6.2.3 文案成片…………119

6.2.4 使用快影百宝箱………120

6.3 秒剪 ●…………………**122**

6.3.1 认识秒剪工作界面……122

6.3.2 使用模板剪辑短视频……124

6.4 其他常用的短视频剪辑工具 ●…**125**

6.4.1 必剪…………126

6.4.2 快剪辑…………126

6.4.3 小影…………127

6.4.4 剪影…………128

6.4.5 乐秀…………129

课后练习 ●…………………**129**

第7章 短视频剪辑特效
制作…………………130

7.1 制作画面特效 ●…………**131**

7.1.1 使用特效增强画面

动感…………131

7.1.2 使用特效渲染画面

氛围…………133

7.1.3 使用特效突出画面

主体…………134

7.1.4 制作隔空取物效果……135

7.1.5 制作绿幕合成效果……137

7.1.6 制作画面变色效果……139

7.1.7 制作画面中文字发光

效果…………140

7.2 制作转场特效 ●…………**142**

7.2.1 制作无缝遮罩转场

特效…………142

7.2.2 制作画面切割转场

特效…………144

7.2.3 制作画面主体飞入转场

特效…………145

7.2.4 制作画面破碎转场

特效…………147

7.3 制作音频与字幕特效 ●…………**148**

7.3.1 制作短视频音效………149

7.3.2 制作标题文字特效……150

7.3.3 制作字幕动画特效……152

7.3.4 制作片尾关注特效……153

课后练习 ●…………………**155**

目录 Contents

第8章　手机短视频拍摄与
制作综合实战 ………… 156

8.1　课堂案例：拍摄与制作美食类
短视频 ………………… 157

　8.1.1　拍摄牛排餐厅探店
　　　　短视频 ………………… 157

　8.1.2　制作牛排餐厅探店
　　　　短视频 ………………… 160

8.2　课堂案例：拍摄与制作生活
技能类短视频 ………… 166

　8.2.1　拍摄生活小妙招
　　　　短视频 ………………… 166

　8.2.2　制作生活小妙招
　　　　短视频 ………………… 166

8.3　课堂案例：拍摄与制作商品
宣传类短视频 ………… 172

　8.3.1　拍摄智能手表短视频 …… 172

　8.3.2　制作智能手表短视频 …… 175

8.4　课堂案例：拍摄与制作
微电影类短视频 ……… 180

　8.4.1　拍摄"梦回土家"
　　　　微电影 ………………… 181

　8.4.2　制作"梦回土家"
　　　　微电影 ………………… 186

课后练习 ………………………… 192

第1章　认识手机摄影摄像与短视频

【知识目标】

➢ 了解手机摄影摄像的特点、基本原理、发展现状与趋势。

➢ 了解短视频的特点与行业的发展现状。

➢ 掌握优质短视频的必备要素。

➢ 掌握短视频的制作流程、内容类型与呈现方式。

➢ 了解常见的短视频平台。

【能力目标】

➢ 能够按短视频的制作流程进行短视频的制作。

➢ 能够判断短视频的内容类型与呈现方式。

【素养目标】

➢ 培养时代美感，善于发现美、欣赏美，提升艺术欣赏水平。

➢ 弘扬工匠精神，在手机摄影摄像与短视频制作中一丝不苟、精益求精。

　　随着移动互联网和新媒体行业的迅猛发展，手机摄影摄像与短视频制作已经成为新媒体从业人员的必备技能之一。面对自己感兴趣或熟悉的题材，人们可以随时随地举起手机进行拍摄。本章主要介绍了手机摄影摄像的特点、基本原理、发展现状与趋势，以及短视频的特点、行业的发展现状、必备要素、制作流程、内容类型、呈现方式与常见平台等知识。

1.1 认识手机摄影摄像

随着智能手机的普及，手机摄影摄像迅速发展成为一种"全民式"的兴趣爱好活动。人们都爱美、愿意欣赏美，对美具有一定的感知能力，手机摄影摄像是人们记录美好事物的一种重要途径。

1.1.1 手机摄影摄像的特点

手机摄影摄像是指拍摄者具有一定的审美能力，使用一定的摄影摄像技巧，以手机为摄影摄像工具进行拍摄的过程。可以说，手机摄影摄像是相机摄影摄像的延伸，是胶片时代的发展，是诞生近两百年的摄影摄像技术的一种新形式。

手机摄影摄像之所以能够快速流行，主要是因为其具有以下特点。

1. 轻巧便携

手机摄影摄像能够流行的首要因素，就是"方便"，它能满足拍摄者想拍就拍，想在哪里拍就在哪里拍的需求。手机体积小巧、方便携带，与之搭配的一些配件也同样轻巧，完全可以放入口袋，装入包中，随时随地满足拍摄者在不同环境下的拍摄需求。

2. 操作简单

相较于相机摄影摄像，手机摄影摄像操作更简单，只要掌握基本的拍摄技能，就能轻松拍出不错的照片或视频。在遇到一些突发状况，或是美好降临的瞬间，拍摄者可以第一时间拿出手机捕捉珍贵的画面。另外，移动端的后期制作工具种类多样，其操作简单明了，拍摄者可以轻松上手。

3. 即时分享

在新媒体时代，点赞、分享已经成为人们社交的强大驱动力。如今手机不仅是通信工具，更是社交工具。随着移动互联网的发展，手机上各种社交类App（如微信、微博等）广泛普及，拍摄者在拍完照片或视频的第一时间经过简单地处理就可以分享到社交平台上，其时效性非常强。

随着科技的发展和人们生活水平的提高，人们的审美能力也在不断提高，现在有很多手机摄影摄像作品完全能够达到甚至超越相机摄影摄像作品的水准，这也极大地推动了手机摄影摄像这种新兴摄影摄像形式的发展，让越来越多的人愿意用手机去拍摄、记录重要的美好时刻。

1.1.2 手机摄影摄像的基本原理

手机是如何通过镜头记录画面的呢？其实手机的成像原理和数码相机的成像原理是一样的，都是通过镜头把拍摄对象转换成数字图像信号，再经过图像处理芯片处理后，形成图像展现在电子屏幕上，如图1-1所示。

我们通过手机的成像原理，可以了解到影响手机成像画质的关键因素为镜头、图像传感器、图像处理芯片与快门速度。

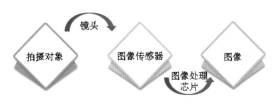

图1-1　手机的成像原理

1. 镜头

手机镜头负责收集光线，并对光线进行调整，以便让光线在图像传感器上形成清晰的图像。手机镜头有很多种，如广角镜头、超广角镜头、长焦镜头、微距镜头等。这些镜头可以通过变焦、广角、微距等方式改变视角和对焦距离，从而实现不同的拍摄效果。

衡量镜头的参数主要有以下几项。

● 焦距，指光线进入镜头时从透镜光心到焦点的距离。焦距决定着成像的大小，手机镜头的焦距通常是35mm。

● 光圈，指镜头中用来控制进光量的装置，以F为标记单位。光圈越大，光线进入的就越多，图像会更亮。光圈大小也会影响景深的深浅程度，即图像前景和背景的清晰度。

● 视场角，指镜头可拍摄范围的最大角度值，视场角越大，可拍摄范围就越广。

2. 图像传感器

图像传感器是手机的电子感光元件，相当于胶片相机的胶片，负责将光线转化成电信号，电信号经过处理后，生成数字图像信号。图像传感器的像素数越高，图像的分辨率就越高。

3. 图像处理芯片

图像处理芯片负责对图像传感器收集到的数字图像信号进行处理，包括去噪、锐化、色彩修正等操作。它相当于手机的电子"暗房"，把处理后的内容展示在手机屏幕上。

4. 快门速度

快门是控制相机曝光时间的装置，它决定了图像中拍摄对象的清晰度和曝光的亮度。快门速度越快，图像的清晰度就越高，但光线进入的时间就越短，曝光的亮度就越低。快门速度越慢，图像的清晰度就会下降，但拍摄对象的运动轨迹则会有较好的追踪效果。

手机相机的工作原理可以概括为以下几个步骤。

（1）透镜调整：当拍摄者按下快门按钮时，手机相机的透镜会根据拍摄者的操作调整光圈和快门速度，使光线顺畅地进入手机相机的图像传感器。

（2）尺寸调整：手机相机的图像传感器会将光线转换成电信号，并将电信号转换成数字图像信号。

（3）图像处理：通过图像处理芯片，对数字图像信号进行进一步处理，例如，增强对比度、微调色彩等，从而得到清晰的图像。

（4）输出图像：经过处理的数字图像将展现在手机屏幕上，供拍摄者查看和存储。

↘ 1.1.3　手机摄影摄像的发展现状与趋势

如今手机不仅是人们随身携带的通信工具，更是便捷的摄影摄像工具。随着5G时代的到来，手机摄影摄像功能日趋完善，手机摄影摄像得到了快速的发展，目前已成为一种大众化的拍摄方式。

手机摄影摄像的发展现状与趋势如下。

1. 手机摄影摄像日常化

对普通大众来说，相机不属于必需品，无论是上班还是逛街都不一定随身携带，除非已经有拍摄计划。但手机不一样，它是人们日常生活中的必需品，人们无论在何时何处都会随身携带，可以真正做到"随时、随地、随身拍"。无论是在享受美食，还是在欣赏风景，人们随时都可以定格有意义的瞬间。手机摄影摄像让人们找到了摄影摄像最初的随性，如今手机摄影摄像中流行的"自拍"就是这种日常化的表现。

2. 摄像头技术不断提升

随着手机摄影摄像的发展，手机摄像头技术不断提升，手机摄影摄像从单纯的硬件堆叠发展到软硬结合的阶段，手机的拍摄效果也越来越接近单反相机。目前，许多手机厂商都为手机配备了多摄像头、大光圈等高端配置，从而大大提升了拍摄效果。

3. 短视频拍摄需求增加

随着直播、短视频等行业的发展，许多手机厂商更加关注手机拍摄短视频的质量。现在大部分手机都支持高清、超高清视频拍摄，并且配备了防抖、变焦等功能，这也为手机摄影摄像的发展奠定了基础。

4. 融合AR、VR技术应用

随着科技的发展，AR（Augmented Reality，增强现实）、VR（Virtual Reality，虚拟现实）技术应用越来越广泛，手机摄影摄像也开始向增强现实和虚拟现实方向发展。例如，现在的手机可以在拍摄过程中增加虚拟元素，从而获得更有趣、更生动的拍摄效果。

5. 影响现代社交媒体

随着移动互联网的发展和新媒体的快速兴起，手机摄影摄像已经成为一种分享生活、记录美好时光的重要方式，可以说手机摄影摄像的发展与社交媒体的发展密切相关。

总之，手机摄影摄像技术在不断升级，并向着智能化、视频化和社交化等方向发展。

↘ 1.1.4　手机摄影摄像的认知误区

当前，智能手机在摄影摄像方面有了长足的进步，无论是成像的锐度、像素，还是取景角度等,都进行了大幅度优化,让拍摄者能够拍摄出更加理想的照片或视频。但是,很多没有摄影摄像基础的初学者对手机摄影摄像还存在一些认知误区,只有避开这些认知误区,才能为后续的工作打下良好的基础。

1. "拍照=摄影"

有人说:"拿起手机,人人都是摄影师。"其实这种说法并不准确,确切地说应该是"拿起手机,人人都可以拍照"。虽然按下快门即可拍照,但摄影与拍照不同,它是一种技术与艺术结合的创作行为。即便是手机摄影摄像,也需要掌握一定的摄影摄像知识,如曝光、对焦、画面构图等。

2. "好手机才能拍出好照片或视频"

真正决定拍摄质量的是拍摄者的审美能力和拍摄技巧。拍摄者对周围事物的洞察力、敏锐力,对曝光、对焦等技术的掌握,以及对构图、影调、色彩等摄影摄像理论知识的理解程度,决定着照片或视频的拍摄质量。而手机的性能对拍摄质量并不会起决定性作用,所以说"好手机才能拍出好照片或视频"的观点失之偏颇。

3. "像素越高,拍摄质量越好"

"像素越高,拍摄质量越好"也是误区之一。像素是衡量摄影摄像器材拍摄性能的一个重要指标,但像素与拍摄质量并无直接关系。像素只是相机的一个性能指标,可能会影响拍摄的某些方面,但不能完全决定拍摄的质量。从画质的角度来说,拍摄者对场景的分辨能力,以及对美的感知能力都比像素更重要。

1.2 认识短视频

《2023中国网络视听发展研究报告》显示,截至2022年12月,短视频用户规模达10.12亿,短视频用户的人均单日使用时长为168分钟,遥遥领先于其他应用。

短视频即短片视频,是一种互联网内容传播方式,泛指在各种新媒体平台上播放的、适合在移动状态和短时休闲状态下观看的、高频推送的视频内容,播放时长在几秒到几分钟之间。短视频的内容涵盖了技能分享、幽默搞怪、时尚潮流、社会热点、街头采访、公益教育、广告创意、商业定制等主题。

↘ 1.2.1 短视频的特点

短视频是继文字、图片、传统视频之后的一种新兴内容传播形式。它融合了文字、语音和视频,能够更直观、更立体地满足用户的表达与沟通、展示与分享的需求。

相较于传统长视频,短视频具有以下特点。

1. 时间短,内容丰富有趣

短视频凭借时间短,内容丰富有趣的特点,能够快速抓住用户的注意力,吸引用户观看,并且符合用户碎片化观看习惯,因此得以快速发展。在这个"内容为王"的时代,用户对内容的要求越来越高,创作者只有迎合用户的观看心理,制作出能够满足用户需求的内容,才能吸引用户的注意力,进而获得更多的流量。

2. 传播快，社交属性强

如今短视频平台众多，短视频发布渠道多种多样，创作者可以直接在短视频平台上分享自己制作的短视频，也可以观看、评论、点赞他人的短视频。由于创作者与用户之间容易形成互动，促成裂变式传播和熟人之间的传播，这种强社交性促使短视频迅速传播扩散。丰富的传播渠道和方式使短视频传播的力度更大，范围更广，速度也更快。

3. 成本低，人人可参与

传统视频制作一般需要专业团队才能完成，而短视频制作门槛低，流程简单便捷，人人都可参与。在新媒体时代，每个人都可以使用手机自行拍摄和制作短视频作品，并将其上传至网络，发布到短视频平台，吸引用户，获取流量。短视频之所以能够快速发展，离不开千千万万的普通创作者。当人人都能参与短视频制作的时候，用户的积极性就能调动起来，进而推动整个行业的发展。

4. 易接受，观点鲜明

无论是创作者还是用户，都可以对短视频内容进行评论，这满足了用户自我表达、信息分享和观点交流的社交需求。短视频内容简短、观点鲜明、直截了当，用户可以自由、平等地进行交流，这使得用户对信息的接受度更高。

5. 目标准，营销效果好

短视频营销可以精准地找到目标用户，与其他营销方式相比，它具有指向性强、目标精准、营销效果好的特点。不同身份、年龄的人会根据自身的需求选择观看不同类型的短视频，因此创作者可以根据目标用户制作垂直领域内的短视频作品，以便于进行商业营销。

↘ 1.2.2 短视频行业的发展现状

目前，短视频行业的发展速度逐渐放缓，从早期爆发式增长过渡到当下的高质量发展，逐渐进入存量优化、提质增效的新发展阶段。短视频行业的发展开始从粗放式的野蛮生长转向专业化的精耕细作，在不断沉淀、新旧交替、开放合作中出现了新形态、新业态。

短视频的发展现状体现在以下几个方面。

1. 用户结构全民化，行业发展格局逐步稳固

从整体来看，短视频用户规模仍然稳中有升，用户结构渐趋合理，行业发展格局逐步稳固。数据显示，截至2022年12月，我国短视频用户规模已经达到10.12亿，占网络用户整体的94.8%，短视频用户增长率为8.3%。

在整体规模下，短视频用户的结构日趋稳定，各年龄段占比逐渐趋同于网络用户年龄结构。50岁及以上的"银发群体"用户占比稳定在1/4以上，短视频用户结构从早期的年轻化延伸到当下的全民化。

从行业发展的整体分布格局来看，抖音、快手作为短视频头部平台的行业地位持续强化。从用户规模来看，这两大平台用户数量明显高于其他短视频平台，且市场集中度逐步提高。

2. 媒体深度融合，主流媒体与短视频平台互动发展

在媒体深度融合进程中，主流媒体与短视频平台相互借力、协同发展。一方面，短视频平台凭借"短视频＋直播"模式成为重大热点新闻事件的传播渠道，短视频平台的主流化趋势日益凸显。主流媒体通过短视频平台进行舆论引导、传播主流价值的形式更加多元。

另一方面，主流媒体的短视频转向纵深发展，新闻短视频成为主流媒体内容创作、传播创新的重要手段。主流媒体凭借自身权威的信息渠道、广泛的社会影响力和公信力，以内容优质的新闻短视频吸引用户的注意力，使得短视频的传播效能充分释放。

主流媒体短视频化与短视频平台主流化相互影响，助力主流舆论引导。当前，短视频已经成为媒体深度融合阶段主流媒体创新布局、构建全媒体传播体系的重要和必选路径。在诸多传播渠道中，短视频平台已经成为网络用户的首选。在网络用户获取新闻资讯的渠道中，短视频占比高达45.9%，已经超过主流媒体的自有平台、新闻资讯聚合平台和社交平台等。

短视频逐渐成为网络用户获取新闻资讯和主流媒体进行舆论宣传的重要阵地。主流媒体纷纷自建短视频平台、入驻其他短视频平台、创新短视频内容产品、提升短视频运营能力，以提升舆论引导与主流价值引领的效能。未来，移动端创新、主旋律弘扬、主流化传播都离不开主流媒体的短视频内容生产和短视频产品创新。

3. 拓展短视频内容边界，网络微短剧发展步入新赛道

当前，短视频内容边界充分拓展，长短视频开放合作，微短剧发展步入新赛道。长短视频平台从竞争博弈走向合作共赢，短视频与长视频不断进行形式、内容、技术与结构的补充和适配，推动视频结构适应多平台传播与运营，长短视频生态共建的模式日渐成熟。

长视频平台通过开发新业务，布局中视频来应对短视频的挑战。与此同时，短视频平台也逐渐增加视频时长，拓展视频内容，布局中长视频的内容传播。2022年，网络微短剧发展迎来爆发期。网络微短剧是指单集时长在15～30分钟的系列剧集，其从网络影视剧集中脱离，成为长短视频平台均可制作、发布与传播的新内容形态和新兴内容产业。

内容新颖、形式多元、篇幅短小、节奏紧凑的网络微短剧在政策扶持等多维驱动下成为视频发展的新业态，各短视频平台先后入局网络微短剧市场。2023年第一季度，抖音上新104部网络微短剧，快手上新53部网络微短剧。自此，网络微短剧为短视频行业注入了新活力。

4. 垂直细分纵深推进，场景建构凸显社会价值

短视频以不断拓展的垂直应用场景为社会公众提供不同侧面、不同类别、不同层面的服务与体验，成为社会公众媒介使用、多元互动的重要渠道。

垂直化、细分化、场景化的结构布局使短视频逐渐超越社交媒体，成为一种"强连接"手段，有效连接用户与社会。2022年的短视频垂直细分领域中，知识传播、文化传

承、助农惠农等成为短视频行业的年度热点。

现阶段，短视频发展仍存在诸多问题，面临许多挑战。短视频行业进入存量维系后市场竞争加剧，在用户层面，仍需加大力度防范未成年人沉迷短视频；在内容层面，导向不良、审核机制有待完善；在营收层面，仍需挖掘增量与增效空间。未来的短视频发展需要坚持内容为本、传播主流价值，重视用户需求并增强场景适配，充分利用技术赋能拓展行业布局。

↘ 1.2.3　优质短视频的必备要素

短视频市场竞争日益激烈，创作者要想让自己的作品脱颖而出，吸引人们的注意力，获取更多的流量，就必须让作品具备优质短视频的要素。

1. 内容有价值

在这个"内容为王"的时代，优质的内容是竞争的核心要素。一般优质的短视频必须能够给用户提供某种价值，让用户获得新知、深受启迪、产生共鸣，或者让其从中感受到乐趣，这样他们才愿意花时间观看短视频，才有可能关注短视频账号，成为粉丝。短视频内容应健康向上，温暖治愈，弘扬正能量，能够戳中用户泪点或痛点，带动用户情绪，引发用户共鸣，让其主动转发分享。

2. 视频画质清晰

视频画质清晰与否决定着用户观看视频的体验感。清晰有质感的画面能够给用户带来视觉上的享受，从而获得更多用户的关注。

视频画质主要从观赏性、层次感和专业度3个方面来评价。观赏性是指视频画面要清晰且具有观赏价值；层次感是指视频画面表现和场景布局要有丰富的层次；专业度是指视频有独特的优势，其内容经得起推敲。如果制作的视频画面模糊，缺少观赏性，会直接影响用户的体验效果。

在拍摄制作短视频时，创作者需要注意以下几点。

（1）根据短视频播放介质、设备的不同，选择适合的视频尺寸。

（2）选择专业的拍摄设备，具备一定的拍摄技能，调整好光线，准确对焦。

（3）注重视频剪辑，利用剪辑工具做好后期制作工作。

总之，视频画面的呈现效果既彰显着创作者的态度，又影响着用户的感官体验，因此创作者一定要谨慎对待。

3. 标题有吸引力

标题是用于描述短视频主要内容的文字，具有概括引导的作用，影响着短视频的播放量。短视频的标题要醒目，有创意，能够快速吸引用户的注意力，引起用户的观看兴趣，促使其点开视频观看，从而提升短视频的点击率。

拟定短视频标题时，需要明确目标用户群体，找到他们的共性问题，用简短的文字一针见血地戳中他们的痛点，或指明带给用户的价值利益，或设置悬念引发用户的好奇等。标题应简洁精练，突出重点，好理解，易搜索，具有互动性，能够吸引用户点赞与评论。

4. 配乐烘托气氛

短视频是一种视听结合的内容表达方式，创作者除了要注重视频画质，还要重点把控背景配乐的节奏感。背景配乐包含背景音乐、特效音乐、旁白、人物自述等，作为"听"的元素，背景配乐能够传递镜头意境，烘托气氛，增强信息传递的力量，从而调动用户的情绪，增强短视频的感染力。

5. 多维度精雕细琢

优质的短视频通常都是多维胜出，综合评分比较高，如选题新颖、制作精良、剪辑出色等。多方面、多角度优化短视频能够提升短视频的整体价值。随着短视频行业的发展，很多爆款短视频都是短视频创作团队的合作成果，短视频创作团队会在选题、策划、表演、拍摄、剪辑等多方面精雕细琢，打造富有创意、与众不同、具有核心竞争力的优质短视频。

要想创作优质的短视频作品，需要遵循"SPARK"创作原则，如表1-1所示。"SPARK"即火花，就是说创作者要通过内容创作激发用户的情绪，碰撞出火花，产生情感共鸣，激励用户探索和触及更多的知识，用内容点亮用户内心的火花。

表1-1　"SPARK"创作原则

"SPARK"创作原则	说明
Short（点到为止）	开门见山，观点鲜明，内容紧凑，以"短"见长
Person（因人而异）	明确目标群体特征，根据他们的特征和需要选取知识或娱乐内容与内容呈现方式
Alive（绘声绘色）	有"声"有"色"是短视频的主要特征，讲究音乐与画面巧妙搭配，将内容以形象、生动、立体的形式呈现给用户
Represent（以身示范）	很多内容如美食类、美妆类、知识技能类等，如果能"以身示范"，将理论知识融入实践中，会收到很好的效果
Kind（深入浅出）	化抽象为具体，将抽象的知识或概念转化为具体形象的事物，通过画面与声音将看不见、摸不着的知识变得眼可见、耳可听，便于用户理解

↘ 1.2.4　短视频的制作流程

短视频制作并不是一蹴而就的，而要有目的、有计划、按步骤进行制作。短视频的制作流程一般包括内容定位、脚本撰写、视频拍摄、后期剪辑和发布运营。其中，视频拍摄是获取作品素材的重要环节，需要做好充分的准备工作。拍摄完成后，还要经过后期剪辑来对视频内容进行精简、重组与润色，进而形成完整的短视频作品。要想制作优质的短视频作品，创作者就要遵循短视频的制作流程。

1. 内容定位

在制作短视频前，首先要进行内容定位。需要确定进入的内容领域，是做生活类、娱乐类还是知识类短视频，创作者要进行深入调研，找准垂直细分领域，然后根据自身情况确定清晰的目标，朝着正确的方向努力，减少试错成本。

需要注意的是，创作者制作的内容要满足目标用户群体的需求，让他们感觉有用、有趣、有价值，同时还要贴近生活，使他们产生亲近感和信任感，进而获得他们的支持与认可。

2. 脚本撰写

拍摄短视频前，需要进行内容策划，撰写拍摄提纲、分镜头脚本或文学脚本等，完成从创意到文字符号再到视听语言的转变，随后根据脚本进行拍摄准备，包括拍摄场地、演员、道具、服装、拍摄设备等方面的准备。

3. 视频拍摄

在短视频拍摄过程中，要注意画面构图与光线的运用，拍摄的画面要简洁明了，主次分明，给人以赏心悦目之感。创作者要考虑好拍摄表现手法与场景，机位的摆放切换，灯光的布置，收音设备的配置等。

为了获得更好的拍摄效果，可以借助防抖器材，这样能够拍出清晰的画面。此外，还要注意拍摄的动作与姿势，既要避免静止不动，也不能有太大幅度的动作，综合运用不同镜头使画面富有变化，生动有趣，以吸引用户的注意。

4. 后期剪辑

在完成视频拍摄后，需要进行后期剪辑，如实现画面切换，添加字幕、背景音乐、特效等。后期剪辑要按照主题、思路和脚本来进行，可以为视频添加转场特效、蒙太奇效果、多画面效果、画中画效果等，但特效运用要合理，能为视频效果锦上添花，切忌画蛇添足。

需要注意的是，创作者在剪辑视频之前要做好视频素材的归类整理，构思好视频主题、风格等，想象视频剪辑完成后的样子，这样便于后期剪辑的顺利进行。

5. 发布运营

短视频制作完成后，创作者需要考虑将其投放到合适的渠道平台上，以获得更多的流量曝光。创作者要熟知各个平台的推荐规则，同时还要积极寻求商业合作、互推合作等来拓宽短视频的曝光渠道，以增大流量。

发布短视频后，创作者要监控短视频的各项数据，不断进行优化，这样才能使短视频在较短的时间内打入市场，吸引用户，提升知名度。

↘ 1.2.5 短视频的内容类型

随着短视频行业的发展，短视频内容日益丰富，类型多种多样，既可以满足广大用户的娱乐消遣需求，又可以满足用户的信息搜索需求和学习需求。根据用户的不同需求，可以将短视频分为三大类，即休闲娱乐类、日常生活类和知识技能类。

1. 休闲娱乐类

休闲娱乐类短视频是数量最多、范围最广的一类短视频，它能给人带来欢乐，缓解紧张的情绪，使人心情愉悦。凡是能够满足人们休闲娱乐需求的短视频都属于休闲娱乐类短视频，如情景短剧类、幽默搞笑类、才艺展示类、萌娃/宠物类、创意剪辑类等短视频。

（1）情景短剧类

情景短剧类短视频多以故事型创意为主，利用人物表演吸引用户关注，通常具有较高的点击量和浏览量。例如，抖音账号"泥可松"有关孝敬父母的情景短剧类短视频，如图1-2所示。

（2）幽默搞笑类

幽默搞笑类短视频是利用出镜者夸张的表情、诙谐的台词、滑稽的动作，以自嘲、调侃的方式进行内容演绎，使人开怀大笑，暂时忘却所有烦恼。例如，抖音账号"川哥哥"展示自己搞笑行为的短视频，如图1-3所示。

（3）才艺展示类

很多创作者通过展示自身的才艺技能，如唱歌、跳舞、摄影、绘画、书法、手工、演奏乐器等，收获大量用户的关注和喜爱。才艺展示类短视频可以满足用户欣赏、模仿、学习的需求，能够让用户产生钦佩之情和崇拜感，很容易吸引大批的粉丝。例如，抖音账号"潮绘师王大"为模型汽车绘画的短视频，如图1-4所示。

图1-2　情景短剧类短视频　　　图1-3　幽默搞笑类短视频　　　图1-4　才艺展示类短视频

（4）萌娃/宠物类

萌娃/宠物类短视频也是备受用户欢迎的休闲娱乐类短视频之一。宝贝天真可爱的生活日常、宠物憨态可掬的表情或行为，这些温暖治愈的画面能够很好地缓解人们紧张的情绪，抚慰人们的心灵。例如，抖音账号"轮胎粑粑"一则宠物狗冒雨为主人送伞的短视频，如图1-5所示。

（5）创意剪辑类

创意剪辑类短视频是利用剪辑技巧和创意制作或精美、或震撼、或搞笑的短视频，同时融入解说、评论等元素，也是时下颇受大众喜爱的一类短视频。例如，抖音账号"波妞波力"一则雪糕宝宝的创意短视频，如图1-6所示。

图1-5　宠物类短视频　　　　图1-6　创意剪辑类短视频

2. 日常生活类

日常生活类短视频是以真实生活为素材，以真人真事为表现对象的短视频类型。此类短视频覆盖范围广，素材多，内容生活化、接地气，而且容易上手，因此受到创作者和用户的双重欢迎。日常生活类短视频包括美食分享类、时尚美妆类、旅游风景类短视频。

（1）美食分享类

美食分享类短视频的目标用户群体非常大，内容以美食制作、美食展示、美食测评、美食探店等为主。例如，抖音账号"凉湉子的日常"一则烤肉制作的短视频，如图1-7所示。

（2）时尚美妆类

时尚美妆类短视频一直深受爱美人士的欢迎，此类短视频以展示潮流、时尚为主，包括美容护肤、时尚穿搭、美妆、美发等。例如，抖音账号"焦糖可可"一则讲解化妆技巧的短视频，如图1-8所示。

（3）旅游风景类

除了平淡的生活，很多人还追求"诗和远方"，"来一场说走就走的旅行"成了他们美好的向往。不管是徒步游、单车游，还是自驾游，把旅途中的景点和见闻制作成视频并分享到不同的短视频平台，就有可能收获大批粉丝的关注和点赞。例如，抖音账号"红红姐"一则来海边看海的短视频，如图1-9所示。

| 图1-7　美食分享类短视频 | 图1-8　时尚美妆类短视频 | 图1-9　旅游风景类短视频 |

3. 知识技能类

知识技能类短视频主要是通过短视频讲解知识或技能，如办公知识、摄影知识、育儿知识、法律知识、投资理财知识、生活技能等。此类短视频实用性极强，受到很多用户的欢迎。此类短视频兼具知识的专业性和实用性，非常适合在短视频平台上传播。

知识技能类短视频涉及的内容非常广泛，主要分为以下几种。

（1）科学知识

科学知识范围广泛，如自然科学、科学技术、科幻探索等。

（2）人文知识

人文知识如文学、历史、哲学、心理学、法律、艺术等。

（3）财经知识

财经知识主要包括商业资讯解读、商业人物、投资理财等。

（4）读书书评

读书书评主要包括图书、有声书等的内容解读。通过这些解读，用户可以大体了解图书的内容和价值，有利于用户选择适合自己的图书。

（5）技能分享

技能分享可谓是包罗万象，如书法、绘画、摄影、口才等，任何一技之长都可以成为短视频的内容素材。

（6）影视科普

影视科普主要包括影视剧的幕后信息讲解、影视行业分析、影视理论科普等知识。

（7）艺术教学

艺术教学主要是各类艺术学科的教学，如声乐、乐器、舞蹈等的理论知识和技巧讲解。

↘ 1.2.6　短视频的呈现方式

短视频的呈现方式主要有图文形式、真人出镜形式、动画形式、录屏形式、剪辑形式、Vlog形式等。

1. 图文形式

图文形式是短视频最简单、成本最低的展示形式之一。这种形式是把要展示的内容制作成图片，然后用视频制作工具将选出的图片按照一定的顺序制作成视频，并配以语音和文字，从而形成视频内容。

图文形式的短视频虽然制作流程简单，容易操作，成本较低，但如果图片选择不当，就会导致呈现出来的视觉效果较差，容易让人感觉枯燥乏味。另外，这种方式一般没有真人出镜，难以植入产品，变现能力较差。

2. 真人出镜形式

很多短视频采用真人出镜的展示形式，利用人物语言、表情、神态、肢体动作的表演，给人留下深刻的印象。短视频的主角可以由创作者或演员来担任，但这种形式的短视频制作成本比较高，并且对人物的语言表达能力、表演能力等都有一定的要求。有些短视频还以肢体展示为主，如手部出镜或面部表演等。

一般涉及吃、穿、用、行等生活类的短视频经常采用真人出镜的展示形式，容易获得用户的信任与关注。另外，情景短剧类、幽默搞笑类、才艺展示类、萌娃类短视频也会采用真人出镜的展示形式。

3. 动画形式

很多创作者会采用动画形式来展现短视频内容，这种视频更具趣味性，塑造的动画形象也更容易受到用户的喜爱和关注，从而提升短视频的播放量。但是，这种形式的短视频需要专业人员进行动画形象设计，制作时间较长，制作成本较高，所以这类短视频账号大多由专业的公司或团队来运营。

剧情类内容比较适合选择动画形式，创作者可以通过塑造的动画形象自主掌控剧情走向、情绪表达，进而推动剧情发展，使动画形象深入人心。

4. 录屏形式

录屏形式的短视频是利用录屏软件把在计算机上的一些操作过程录制下来（在录制过程中可以录音），然后将录制内容导出为视频格式的文件。这种形式不用真人出镜，视频素材也没有严格要求，但会吸引很多有需求、爱学习的人观看，从而体现视频内容的价值。

5. 剪辑形式

剪辑形式通常不需要创作者自己拍摄短视频，而是以各种影视剧或综艺节目为基础，截取精华看点或情节编辑制作短视频，其作用是进行二次传播、节目宣传或话题营销等。这种形式既能节约人力和时间成本，又有助于创作者连续、高频率地进行创作，具备非常大的传播优势。

一些影视科普、影视剧评述类内容适合采用剪辑形式，但需要注意版权问题，创作者需要获得原版权方的授权，若没有获得授权，则制作的短视频不能用于获取商业利益，只有获得授权的短视频账号才能进行商业推广。

6. Vlog形式

Vlog即视频博客，是目前比较火的一种短视频呈现方式，尤其是喜欢出游的人，拍摄Vlog是他们记录旅途风光的重要方式之一。随着短视频行业的发展，越来越多的人开始拍摄自己的Vlog，就像写日记一样，只不过是以短视频的形式来展现内容。

现在的年轻人喜欢打卡美食、美景，所以他们通常会采用Vlog形式来记录与分享美食类、旅行类内容，并且这些创作者拍摄的Vlog已经逐渐向微电影方向发展。他们制作的视频不仅具有超高的画质、丰富多彩的镜头剪辑手法，还有非常成熟的视频拍摄构图，而这些都是微电影的显著特点。

⅃ 1.2.7 常见的短视频平台

随着短视频行业的发展，各种短视频平台应运而生。根据不同的应用目的，短视频平台大致可以分为三种类型，分别是社区类短视频平台、资讯传播类短视频平台和工具类短视频平台。

1. 社区类短视频平台

社区类短视频平台主要指侧重于满足用户社交需求的短视频平台，以快手、抖音等为代表，通过互动式创作分享，营造浓郁的社交氛围，吸引用户。这类平台的行业市场占有率最高，引流效果最为明显。

（1）抖音

最初抖音是一款面向年轻人的音乐创意短视频社交软件，其核心特点是短视频的制作与分享。目前，抖音已经发展成为面向全年龄段的短视频平台，不仅是普通人分享生活、表现自我的平台，还是企业进行宣传推广、线上销售的重要渠道。

抖音平台具有流量大、用户多、活跃度高、黏性强的特点，抖音用户数量已经突破10亿，是目前最火爆的短视频平台之一。当前，抖音正处于高速发展阶段，其内容生产及分享互动方式也在不断完善。从内容生产的角度来看，抖音为创作者提供了完善的拍摄制作功能，如特效、剪辑、美颜、配乐等，且操作简单方便；从分享互动的角度来看，抖音的核心理念是满足用户需求，注重用户体验和内容创新，不断提升内容品质，进而吸引更多的用户，拓展用户边界，扩大用户规模。

抖音平台致力于打造成为符合大众需求的一款新媒体软件，其移动化、互动化及可视化的特点满足了人们日常休闲、娱乐、社交等多种需求。随着移动互联网技术的不断发展，抖音进一步拓展业务领域，如电商、金融等，未来将发展成为一个更加综合和强大的移动互联网平台。

（2）快手

快手是一个短视频制作与分享的社区平台，坚持"拥抱每一种生活"的理念，以"每个人的生活都值得记录"为口号，鼓励用户上传各类原创生活视频，分享自己的生活日常和所见所闻。

相较于抖音的高效、媒体属性强和中心化，快手以创作者为导向，用户上传视频的意愿更高，社交属性更强。当前，快手构建了一个充满包容、高效、信任感的商业新生态，体现出充满烟火气和人情味的社区新文化。

随着注册用户的增多，快手也不断拓展业务领域，将生活与商业相结合，打造出公域有活力、私域有黏性、商域有闭环的生态，进而帮助品牌实现引流、经营和沉淀等多重价值。未来，快手将发展成为一个全新的内容平台，不仅会吸引更多的用户加入，还会吸引更多的商家和品牌入驻。

2. 资讯传播类短视频平台

资讯传播类短视频平台主要是指侧重于传递有价值的资讯信息，能够满足人们发现新鲜事物需求的短视频平台。资讯传播类短视频与静态的报道相比，能够更好地还原现场，解释信息，传递信息，大大丰富了资讯信息的表现形式，容易受到广大用户的喜爱。

梨视频作为资讯传播类短视频代表平台，具有信息量大、专业性强的优点。梨视频于2016年11月正式上线，这是移动端短视频App的内容从娱乐休闲转变为新闻资讯的一次重要尝试，梨视频给自身的定位是"专注于热点新闻资讯、社会故事的短视频App"。

梨视频拥有专业的新闻生产制作团队，带着特有的新闻敏锐度，着眼于短视频行业资讯类空白领域，在差异化竞争中独树一帜。梨视频从成立之初到现在，发展微信、微博等社交平台成为其优质内容的传播载体，不断建设并扩展自有平台，以加强和用户的紧密联系。借助丰富的社交平台，梨视频除了具有传播及时、目标用户群体范围广、时效性强等优点，还能实现资讯跨平台传播。

3. 工具类短视频平台

工具类短视频平台主要是指侧重于满足用户制作短视频需求的工具类平台，如剪映、快影、必剪等。这些平台通常提供短视频的制作与分享等功能，让用户可以随时随地制作和分享自己的短视频作品。随着短视频在社交媒体中的应用越来越广泛，越来越多的用户开始使用工具类短视频平台来制作和分享自己的短视频作品。

（1）剪映

剪映是抖音官方推出的一款视频剪辑工具，剪映账号与抖音账号互通，用剪映剪辑的作品可以一键发布到抖音平台。剪映非常适合刚接触视频剪辑的新手，其操作简单、功能强大，同时与抖音无缝衔接，用户只需熟悉剪映的基础操作，就可以轻松剪辑短视频。

（2）快影

快影是快手旗下的一款简单易用、功能强大的视频剪辑工具。快影账号与快手账号互通，用快影剪辑的短视频作品可以一键发布到快手平台。

快影不仅具有分割、旋转、倒放、变速等多种剪辑功能，还拥有几十款电影胶片级的滤镜，以及海量的音乐库、音效库和新式封面。用户使用快影能够轻松完成视频剪辑和视频创意，制作令人惊艳的趣味短视频。使用快影剪辑的短视频作品可以直接分享到快手平台，也可以一键导出到本地相册。

（3）必剪

必剪是哔哩哔哩推出的一款视频剪辑工具，必剪账号与哔哩哔哩账号互通，使用必剪剪辑的作品可以一键投稿到哔哩哔哩平台。必剪具有高清录屏、变声、音频提取、一键倒放等功能。

文字视频是目前较为流行的一种视频呈现形式，这类视频没有图像，由呈现缩放、旋转效果的逐句展现的文字构成视频的主要内容。必剪提供了大量的文字视频模板，降低了创作者制作文字视频的难度。

必剪如同剪映和快影内嵌了各自平台风格的视频模板一样，其自身内嵌的这些模板也保证了UP主（哔哩哔哩平台的内容上传者）可以通过简单的操作就能制作出具有鲜明B站（哔哩哔哩平台）风格的短视频作品。

总之，目前短视频平台多种多样，选择一个适合自己的平台非常重要。很多创作者制作短视频的目的是获取利益，实现变现，但大多数娱乐类短视频只能带来一时的播放量，要想获得持续的收益，就需要选择合适的平台来运营，建立自己的内容品牌。

课后练习

1. 简述手机摄影摄像的特点。
2. 简述优质短视频的必备要素。
3. 简述短视频的呈现方式。

第 2 章　手机摄影摄像的前期准备

【知识目标】

➢ 了解手机相机的基本设置方法。

➢ 掌握调整对焦与曝光的方法。

➢ 掌握使用专业模式调整对焦与曝光的方法。

➢ 掌握视频拍摄设置的方法。

➢ 了解手机拍摄辅助设备及其作用。

【能力目标】

➢ 能够对手机相机进行基本设置。

➢ 能够熟练调整对焦与曝光。

➢ 能够使用专业模式调整对焦与曝光。

➢ 能够熟练进行视频拍摄设置。

【素养目标】

➢ 不断提升理论和实践水平，用手机记录最美中国。

➢ 深入生活，让手机摄影摄像更接地气，更富有时代特征。

　　在数字化时代，手机已经成为人们生活中不可缺少的物品，手机摄影摄像也已经成为人们记录生活的一种重要方式。要想拍出优质的照片和视频，拍摄者首先要选择合适的手机和辅助设备，这样在拍摄时才能得心应手。本章将对手机摄影摄像的前期准备进行讲解。

2.1 手机的选择与手机相机的基本设置

如今，手机已经成为人们日常生活中的必备工具。无论是记录重要的时刻，还是拍摄美景，手机相机都以其便携性和多样性成为了人们的首选。下面将介绍如何选择适合摄影摄像的手机，并对手机相机的基本设置进行讲解。

2.1.1 手机的选择

目前各种手机型号层出不穷，人们可以根据自己的需求和预算，结合以下几个方面来选择适合自己的手机。

（1）手机品牌：可以根据手机的销量和口碑进行选择，例如，在网上查阅手机品牌的口碑和其他用户对该品牌手机性能的评价。

（2）摄像头参数：关注手机的摄像头参数，如像素、光圈大小、传感器尺寸等。一般来说，像素越高、光圈越大、传感器尺寸越大，拍照效果越好。

（3）摄像头数量：考虑手机配备的摄像头数量。现在很多手机都配有一个主摄像头和多个辅助摄像头，用多个摄像头辅助的方式来提升拍摄性能，通过各个摄像头的合理分工，将不同物体的轮廓、颜色、位置等信息记录下来，再通过手机芯片合成图像，展现在拍摄者眼前，满足拍摄者的拍摄需求。

（4）传感器尺寸：传感器尺寸是指摄像头的感光元件面积，传感器尺寸越大，摄像头对光线的敏感度越高，拍摄效果就越好，特别是在低光环境下。

（5）镜头类型：手机摄像头通常包括多种镜头类型，如主摄镜头、超广角镜头、长焦镜头、微距镜头等，不同的镜头能够满足不同的拍摄需求。

（6）混合对焦：很多手机采用混合对焦技术，结合相位对焦和激光对焦，提高对焦速度和精度。选择手机时，可以关注是否支持混合对焦。

（7）HDR：高动态范围（High Dynamic Range，HDR）技术可以提高照片的动态范围，让明暗部分的细节都能得到很好的展现。

（8）拍摄模式：手机自带的拍摄模式越多，越有利于拍摄。拍摄者可以针对不同场景选择不同的拍摄模式。

2.1.2 手机相机的基本设置

下面以华为手机为例，对手机相机的基本设置进行介绍。在手机桌面上点击"相机"图标，打开手机相机，默认进入"拍照"界面，如图2-1所示。

1. 闪光灯功能

在"相机"界面上方可以看到闪光灯图标，它包括"自动""关""开"和"常亮"四种模式。

闪光灯主要用于以下场景。

（1）在拍摄光线不足的情况下使用。闪光灯的照射距离和亮度是有限的，因此主要用于在弱光环境下近距离拍摄小物体。

进入相机"设置"界面
选择徕卡色彩和滤镜
设置闪光灯
开启AI摄影大师
进入智慧视觉

调节焦距
选择相机模式

切换前后置摄像头
点击快门拍照
查看拍摄的照片和视频

图2-1　手机相机"拍照"界面

（2）夜晚拍摄人像。选择颜色较深或较暗的背景，周围最好也有弱光做衬托，这时打开闪光灯能够很好地突出人物。

（3）逆光拍摄人像。由于人物后方光线比较充足，人物面对镜头的部分会比较暗，这时打开闪光灯，能够很好地对人物面部进行补光。

2．AI摄影大师

AI（Artificial Intelligence，人工智能）摄影大师是华为手机相机预置的一种功能，该功能可以智能识别拍摄对象和场景，优化色彩和亮度，帮助拍摄者拍摄出更为理想的照片。AI摄影大师支持识别舞台、沙滩、蓝天、植物、文本、月亮、微距等多种场景。

3．连拍功能

在常规拍摄模式下，长按快门按钮◎或长按音量键即可进行连拍。在连拍过程中，屏幕上会显示所拍摄的照片数量，抬起手指即可停止连拍。连拍功能主要用来抓拍精彩的运动瞬间，拍摄者连续拍下拍摄对象的运动过程后，选出比较满意的抓拍照片。在手机相册中，连拍的照片带有连拍标记，拍摄者可以从连拍照片中选择要保留的照片。

4．色彩模式

在取景框顶端点击"选择徕卡色彩和滤镜"按钮，打开色彩模式列表，其中提供了3种色彩效果（徕卡标准、徕卡鲜艳、徕卡柔和）、2种电影镜头（AI色彩、人像虚化）和8种滤镜（青涩、硬像、中灰、牛仔、蓝调、光晕、怀旧、晨光）。在拍摄时，拍摄者可以根据自身需求及环境选择相应的徕卡色彩效果来实现画面色彩还原或色彩增强。

5．变焦拍摄

拍摄者可以通过滑动取景框中的变焦条，或者在屏幕上张开/捏合手指来调节焦距。数值越小，取景范围越广。现在的手机大多有超广角、1倍主摄和长焦三类摄像头。

超广角摄像头能够拍到更加宽广的视野范围，可以把距离较近的景物拍出夸张的透视感，从而增强画面的视觉冲击力。

　　1倍主摄在日常生活随拍中最常用，为1倍焦距。手机相机的1倍焦距也属于广角，但由于1倍焦距不够广，也不够长，所以视角显得比较普通。

　　目前手机相机支持的长焦主要包括2倍、3倍、5倍等，在拍摄界面中直接点击屏幕上的焦距数字（如2x、3x、5x等），即可切换到长焦拍摄。如果手机相机是5倍光学变焦，那么只有5x才是光学变焦，中间的变焦倍数只是画质压缩较大的数码变焦，所以使用长焦拍摄最好不要随便选一个变焦倍数，而是先了解手机的光学变焦是几倍，再直接点击或调到这个倍数。

　　长焦的特点是能压缩空间，凸显被摄主体，让画面的构图更加简洁。长焦适合拍摄人像、静物、远景、建筑等场景，是手机摄影中使用频率较高的焦距类型。

　　图2-2所示为同一个视角下分别使用不同的焦距拍摄的照片。

图2-2　变焦拍摄

6. 手机相机功能的基本设置

　　为了达到理想的拍摄效果，在进行手机摄影摄像前拍摄者要对手机相机的功能进行基本设置。点击手机相机界面上方的"设置"按钮，进入"设置"界面，如图2-3所示。

　　在手机相机设置中，常用的功能设置主要包括以下几项。

　　（1）照片比例

　　照片比例有"4：3"（推荐）、"1：1"及"全屏"3种。一般选择推荐的"4：3"比例，因为该比例具有最高的像素，而其他比例都是在此比例的基础上经过裁剪得到的。

　　（2）声控拍照

　　声控拍照是指拍摄者不用手按快门按钮，只需发出指定声音，手机就会自动拍摄的功能。这种方式避免了与手机直接接触，可以减少手机抖动。

图2-3　手机相机的"设置"界面

（3）参考线

开启"参考线"功能，取景框中就会出现九宫格参考线，以便于在拍摄时进行画面构图。

（4）水平仪

开启"水平仪"功能，拍摄者在拍摄时就可以实时监测相机是否处于水平位置，以免构图出现倾斜。

（5）定时拍摄

定时拍摄也称倒计时拍摄，该功能适合在合影或远距离拍摄时使用。

（6）熄屏快拍

熄屏快拍适用于快速抓拍的题材，开启该功能后可以在手机锁屏的状态下快速双击音量下键进行拍摄。

（7）悬浮快门键

开启该功能后，在取景框中会多出一个快门键，其位置可以随意拖动与摆放，拍摄者可以根据需要将其拖至自己方便点击的位置上。

2.2　手机拍摄技能准备

拍摄者进行手机摄影摄像时，设置合适的拍摄参数不仅能够提升拍摄画面的质量，还能减少后期处理的工作量。下面将介绍手机拍摄必须要掌握的基本技能。

↘ 2.2.1　对焦与曝光

对焦与曝光是手机摄影摄像的核心操作，它们决定了成像的最终外观。下面将介绍如何在手机相机中调整对焦与曝光。

1. 调整对焦

对焦是指让镜头的焦点对准拍摄画面中的被摄主体，使被摄主体呈现最为清晰的效果。在手机"拍照"界面中，手机相机会根据画面自动对焦和曝光，拍摄者也可以在手机屏幕上点击更改对焦位置，此时手机屏幕上会出现一个白色的对焦框，将对焦框对准被摄主体进行对焦。

通过更改对焦位置，可以拍出前景或背景虚化的照片效果，让照片层次分明，被摄主体突出。让手机镜头靠近要拍摄的被摄主体，当被摄主体对焦清晰后会自动虚化背景，如图2-4所示。在背景景物上点击可以使背景清晰，被摄主体虚化，如图2-5所示。

图2-4　对焦被摄主体　　　　　　　　　　　图2-5　对焦背景

2. 调整曝光

手机摄影摄像中的曝光可以理解为手机相机收集的光量，曝光的作用是捕捉具有确定亮度的图像。一张曝光合适的照片会使被摄主体在画面中的明暗对比得到最佳展现。画面曝光过度会导致画面过亮，丢失亮部细节；曝光不足则会导致画面偏暗，丢失暗部细节。

拍摄者可以调整曝光补偿来改变画面曝光，用手指点击拍摄画面中的被摄主体进行对焦，可以看到手机相机的默认测光使画面曝光过度，如图2-6所示。拖动对焦框旁的小太阳图标即可调整画面曝光，向下拖动该图标可以降低画面曝光，使画面变暗，如图2-7所示。当画面达到合适的曝光程度后，拍摄者即可点击快门按钮进行拍摄。

图2-6　曝光过度　　　　　　　　　　　　　图2-7　降低曝光

在实际拍摄过程中，拍摄者可以根据拍摄场景来调整曝光补偿。在拍摄一些明亮、干净的场景时，可以通过增加曝光使画面更加清爽、通透。如果拍摄场景较暗或光影对比明显，可以降低曝光来增加画面的明暗对比，以突出景物局部的质感和细节。

3. 测光与对焦分离

测光是指手机相机对拍摄画面的明暗程度进行测量，以此为基准决定曝光。在手指点击屏幕进行对焦时，测光点就是对焦点。当手机相机对画面中的亮部进行测光时，得到的画面效果会偏暗；当手机相机对画面中的暗部进行测光时，得到的画面效果会偏亮。在拍摄时，通常将对焦点（测光点）的位置选在画面中间亮度的区域或被摄主体所在的区域。

在一些复杂的光线场景下，拍摄者可以利用测光与对焦分离功能，不断手动调整测光位置和对焦主体，实现更加精确的测光和对焦。在手机相机"拍照"界面中点击屏幕并长按2秒，此时对焦框内出现测光框图标，如图2-8所示。将对焦框拖至乌篷船上，将测光框拖至远方树冠和天空交界的位置，使画面的曝光均衡，如图2-9所示。

图2-8　出现测光框图标　　　　图2-9　调整对焦框和测光框的位置

2.2.2　使用专业模式

手机相机的专业模式为手机摄影摄像爱好者提供了像单反相机一样全手动控制拍摄参数的功能，让其在手机摄影摄像过程中能够更专业、更快速地拍出自己想要的画面效果。下面将介绍如何在专业模式下手动控制对焦和曝光。

1. 认识曝光三要素

光线通过手机镜头进入手机相机，在传感器上成像。拍摄者需要通过曝光三要素来控制进入手机相机的光线，即光圈、快门和感光度。

光圈是控制手机相机进光的孔径，就像水龙头的开关，开得越大进光量就越多，开得越小进光量越少。光圈还控制画面的景深（画面焦点前后范围内呈现的清晰图像），也就是背景的虚化程度。光圈用F值表示，F值越大，光圈越小，景深越大，背景越清晰；F值越小，光圈越大，景深越小，背景越模糊。光圈对画面的影响如图2-10所示。

手机相机的光圈是电子光圈，它不同于传统的机械光圈，其是手机厂商推出的一种手机相机程序辅助功能，简单来说就是用于控制画面曝光效果的软件算法。

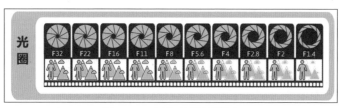

图2-10 光圈对画面的影响

快门是通过控制光线进入手机相机时间长短来控制进光量的装置。仍以水龙头举例，在水龙头打开的情况下，接水3秒肯定比接水1秒的水要多，快门速度也是一样，打开的时间越长，手机相机的进光量就越多。快门值以数字的方式显示，单位是"秒"。几百分之一秒是高速快门，几秒是慢速快门。

同时，快门还决定了拍出来的画面是清晰的物体，还是物体的运动轨迹。快门时间越长（即慢速快门），进光量越多，画面就越亮。慢速快门可以记录物体的运动轨迹，如丝滑的流水、绸缎般的瀑布、夜晚车灯的轨迹等。快门时间越短（即高速快门），进光量越少，画面就越暗。足够短的曝光可以将运动的物体定格，如拍摄比赛中的运动员、高速行驶的车辆等。手机相机使用电子快门，是利用电子传感器（CMOS或CCD）通电断电来控制曝光时间。快门对画面的影响如图2-11所示。

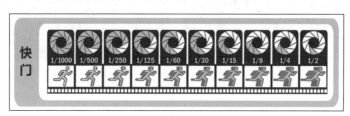

图2-11 快门对画面的影响

感光度即ISO，指的是手机相机对光的灵敏程度。ISO值越大，感光度越高，画面越亮，但同时画面噪点也越多，画质也越差；ISO值越小，感光度越低，画面越暗，画面噪点越少，画质也越好。感光度对画面的影响如图2-12所示。

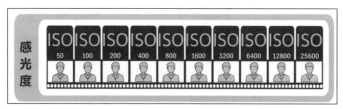

图2-12 感光度对画面的影响

2. 使用专业模式控制曝光

在手机相机专业模式下，拍摄者既可以拍照片，又可以拍视频。专业模式包括3种测光模式，分别是矩阵测光、中央重点测光和点测光。

矩阵测光是将取景画面划分为若干个方格，分别计算每一个方格的亮度值，最终汇总得到平均测光。该模式适用于光线反差不大的环境。

中央重点测光是一种传统测光方式，其将测光的重点放在画面中央约2/3的区域。该模式适合拍摄纪实、静物、微距等以中央构图为主的画面。在光线色彩反差较大的情况下，这种模式比矩阵测光更容易控制效果。

点测光是只对很小的区域或某一个拍摄对象进行准确的测光，这种测光精度很高，相当于常规拍摄模式下用手指点击屏幕进行测光。点测光模式适合拍摄光线反差很大、有非常明显的明暗对比光线的场景。

进入手机相机"专业"模式拍摄界面，点击"ISO"按钮，将ISO调整为固定值50。点击"M"按钮，选择所需的测光模式，如点击"矩阵测光"按钮⊡，查看当前的画面曝光效果，可以看到当前ISO为50，快门速度S为1/2967，如图2-13所示。点击"中央重点测光"按钮⊙，可以看到画面曝光发生微小变化，快门速度S变为1/2725，如图2-14所示。

图2-13　点击"矩阵测光"按钮

图2-14　点击"中央重点测光"按钮

点击"点测光"按钮⊡，可以看到画面曝光发生变化，建筑物清晰但天空过曝，快门速度S变为1/243，如图2-15所示。点击"快门速度"按钮S，然后拖动滑块提高快门速度为1/1000，画面效果如图2-16所示。

图2-15　点击"点测光"按钮

图2-16　提高快门速度

3. 使用专业模式控制对焦

专业模式下对焦模式包括AF-S（单次自动对焦）、AF-C（连续对焦）和MF（手动对焦）三种。

AF-S表示单次自动对焦，当手指在手机屏幕上点击选择对焦点后，手机相机会自动对焦并锁定对焦点。当移动手机相机改变取景范围时，手机相机会根据新画面重新对焦，除非再次在屏幕上点击选择对焦点。AF-S模式适合拍摄静止的物体。

AF-C表示连续对焦，在该模式下系统会持续对焦并实现实时对焦。AF-C模式一般适用于拍摄运动场景，即使不点击手机屏幕选择对焦点，手机相机也会根据画面的转换不断地在画面中自动对焦。如果被摄主体是人物，手机相机还可以自动对焦人物面部，此时人物面部就会出现对焦框，如图2-17所示。

图2-17　人物面部出现对焦框

MF表示手动对焦，一般适用于拍摄无法自动对焦或对焦困难的场景，如拍摄环境较暗、画面对比度小、拍摄微距画面等，手动对焦拍摄视频还可以在画面中实现焦点转移的效果。

图2-18（左）所示为使用手动对焦模式将对焦点移至中间位置的玩偶上，使其变得最清楚，而镜头最前方和最后方的玩偶相对模糊。图2-18（右）所示为向上拖动滑块，将对焦点移至最后方的玩偶上。

图2-18　使用手动对焦模式对焦

↘ 2.2.3　视频拍摄设置

在使用手机拍摄视频前需要进行视频拍摄设置，如设置分辨率和帧率，锁定曝光和对焦等，下面进行详细讲解。

1. 设置分辨率和帧率

打开相机"设置"界面，在"视频"分组中点击"视频分辨率"选项，在弹出的界面中可以选择录制视频的分辨率，如图2-19所示。点击"视频帧率"选项，在弹出的界面中可以选择录制视频的帧率，如图2-20所示。

视频分辨率类似于照片的分辨率，通常用像素数来计算，理论上视频分辨率越高，视频画面越清晰，所占的存储空间就越大。常见的视频分辨率有720p、1080p和4K分辨率。按照16：9的视频比例计算，720p分辨率的水平和垂直像素数为1280像素×720像素（约等于92万像素），1080p分辨率的水平和垂直像素数为1920像素×1080像素（约等于200万像素），4K分辨率的水平和垂直像素数为3840像素×2160像素（约等于830万像素）。

图2-19　选择视频分辨率

图2-20　选择视频帧率

视频帧率是指每秒中有多少个静态照片。视频可以看作由连续的多个静态照片组成，把这些静态照片放在一起并快速播放，由于人眼的视觉暂留效应，就会使静态照片看起来是动态的。帧率的单位是fps，帧率越高，画面越流畅；帧率越低，画面越卡顿。在视频拍摄帧率设置中，可以选择的帧率有很多，普通录像模式下有30fps和60fps两种帧率，慢动作模式下有120fps、240fps、960fps等帧率。

2．锁定曝光和对焦

在拍摄短视频时，有时被摄主体的移动、手持手机不稳定、手机相机间歇性自动对焦、光线环境变化等因素会导致画面中被摄主体失焦、画面曝光不稳定等情况，这时拍摄者就要锁定曝光和对焦，方法如下。

在"录像"界面中用手指点击屏幕并长按2秒，此时屏幕上方出现"曝光和对焦已锁定"字样，拖动 图标，将画面调整为合适的曝光，如图2-21所示。这样在光线稳定的前提下，无论如何移动手机，画面的曝光和对焦将不再发生变化，保证画面中的被摄主体始终保持清晰且亮度统一，如图2-22所示。

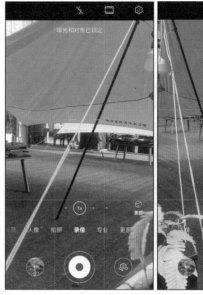

图2-21　锁定曝光和对焦　　　　　　图2-22　锁定曝光和对焦的画面效果

↘ 2.2.4　拍摄画幅的选择

根据手机持机方式的不同，拍摄画幅主要呈现为横画幅和竖画幅两种形式。不同的画幅能够给用户带来不同的视觉感受，所以拍摄者在拍摄不同的题材或表现不同的主题时，要采用恰当的画幅进行表现。

1. 横画幅

横画幅就是将手机横置后拍摄的画面，这是日常拍摄中常用的一种画幅形式，比较符合人们的视觉习惯。横画幅构图能够给人以自然、开阔的视觉感受，如图2-23所示。

图2-23　横画幅

2. 竖画幅

竖画幅一般用于拍摄垂直方向的被摄主体，如站立的人物、高大的树木或高耸的建筑等，能够表现被摄主体的高大、挺拔等，适合在画面的垂直方向表现纵深感和空间感，如图2-24所示。

图2-24　竖画幅

2.3　手机拍摄辅助设备准备

　　拍摄者要想拍摄具有专业水准的照片或短视频，除了准备手机，还要准备一些必要的手机拍摄辅助设备，如三脚架和手机支架、自拍杆、手机稳定器、录音设备、手机外置镜头、补光设备等。

1. 三脚架和手机支架

　　三脚架是手机摄影摄像中常用的稳定设备（见图2-25），其主要作用是稳定手机，从而获得清晰、稳定的画面。三脚架的选择要注重稳定性和便携性。除了三脚架，一款手机夹也是必不可少的，它可以方便地把手机固定在三脚架上，如图2-26所示。

图2-25　三脚架　　　　　　图2-26　手机夹

　　除了常规的伸缩型三脚架，市面上还有许多颇具创意的手机支架，如桌面支架、八爪鱼脚架等，可用于拍摄特殊角度的镜头，如图2-27所示。

图2-27　手机支架

2. 自拍杆

自拍杆是使用手机自拍时常用的设备，主要由一个可伸缩的拉杆和手机固定支架组成，如图2-28所示。使用自拍杆拍摄照片或视频时可以让手机远离自己，使拍摄画面中包含更多的内容，还可以拍摄一些特殊的角度，如低角度跟随拍摄、高角度俯拍等。

3. 手机稳定器

使用三脚架可以保持手机静止时的稳定，但在拍摄动态视频时，就要用到手机稳定器，它可以帮助拍摄者在拍摄前后移动、上下移动和旋转镜头时，保持画面稳定，如图2-29所示。此外，还可以安装与手机稳定器配套的App来控制手机拍摄，以满足拍摄者更多的拍摄需求，如变焦拍摄、智能跟随、旋转模式、延时摄影等。

图2-28　自拍杆　　　　　　　　　图2-29　手机稳定器

4. 录音设备

声音是短视频的重要组成部分，拍摄者在拍摄短视频时，不仅要考虑后期对声音的处理，还要做好同期声的录制工作。如果使用手机自带的话筒录制声音，其音质难以得到保证，而且后期处理时也比较麻烦，这时就要借助录音设备。常用的录音设备有有线话筒和无线话筒，如图2-30和图2-31所示。

图2-30　有线话筒

图2-31　无线话筒

5. 手机外置镜头

手机外置镜头是安装在手机原生镜头上的一种外置设备，如图2-32所示。使用不同功能的手机外置镜头，可以弥补手机原生镜头在取景范围、对焦距离等方面的不足。手机外置镜头一般分为长焦镜头、微距镜头、广角镜头、鱼眼镜头，以及电影宽荧幕镜头等。

此外，还有一种手机外置偏振镜头，可以用来消除被摄主体表面的反光，增加画面的对比度和饱和度，如图2-33所示。

图2-32　手机外置镜头

图2-33　手机外置偏振镜头

6. 补光设备

光线是影响画质的重要因素，在实际拍摄过程中，主光源的光线往往不受控制，这时拍摄者可以利用补光设备来调整光线。当环境光或自然光不能满足拍摄需求时，就需要使用补光设备来补充光线。

常用的补光灯有LED补光灯和LED补光灯棒。LED补光灯有很多尺寸，小的LED补光灯可以直接放到口袋里或者支在桌面上，适用于局部补光；大的LED补光灯则需要用灯架支起来，以提供大面积的光线，如图2-34所示。LED补光灯棒可以提供多种颜色的光线，携带方便，适用于多种场景，如图2-35所示。

图2-34 LED补光灯

图2-35 LED补光灯棒

此外，常用的补光设备还有反光板，如图2-36所示。反光板用于控制和改变光线的方向和强度，增加画面的亮度，通常用来给人物暗部补光，或者通过过滤光线使硬光变柔和，优化拍摄环境。

图2-36 反光板

课后练习

1. 使用手机相机分别拍摄被摄主体虚化和背景虚化的照片。
2. 使用测光和对焦分离模式拍摄不同曝光的照片。
3. 使用专业模式拍摄不同对焦和曝光的照片。
4. 使用录像模式和专业模式拍摄画面稳定的短视频。

第**3**章　手机摄影摄像的基本技法

【知识目标】

➢ 掌握手机摄影摄像中选择景别、画面构图的方法。
➢ 掌握手机摄影摄像中常用的取景视角。
➢ 掌握选择光线方向和场景布光的技巧。
➢ 掌握各种运动镜头和转场技巧。
➢ 掌握录制画外音和同期声的方法。
➢ 掌握撰写拍摄提纲和分镜头脚本的方法。

【能力目标】

➢ 能够在拍摄时选择合适的景别、画面构图和取景视角。
➢ 能够合理选择光线方向，正确布光。
➢ 能够合理运用各种运动镜头和转场技巧。
➢ 能够录制画外音和同期声。
➢ 能够撰写拍摄提纲和分镜头脚本。
➢ 能够拍摄人物Vlog和旅拍短视频。

【素养目标】

➢ 热爱祖国大好河山，用摄影摄像记录中国式现代化的美好景象。
➢ 推动绿色发展，坚持"绿水青山就是金山银山"的理念。

　　在手机摄影摄像中，经过精心设计的画面在传递信息的同时，也会带给观众高质量的视觉体验，这离不开拍摄者对拍摄技法的灵活运用。本章将讲解手机摄影摄像的基本技法，包括选择景别、画面构图、取景视角、光线运用与场景布光、拍摄运镜与转场、拍摄录音、撰写短视频脚本等。

3.1 选择景别

景别是指被摄主体和画面形象在屏幕框架结构中所呈现的大小和范围。手机与被摄主体之间相对距离的变化，以及手机在一定位置改变镜头焦距，都会引起画面上被摄主体大小的变化。这种画面上被摄主体大小的变化所引起的不同取景范围的变化，就构成了景别的变化。

通常来说，按照取景范围从大到小来划分，景别大致分为远景、全景、中景、近景和特写。若以单个人物站立为例，全景、中景、近景、特写景别的取景范围如图3-1所示。

图3-1　全景、中景、近景、特写景别的取景范围

不同的景别有不同的功能，景别的选择需要根据拍摄主题来决定，下面将详细介绍景别的相关知识。

1. 远景

远景（包括大远景）是表现开阔空间的景别，容纳的景物范围较大，是画面中表现空间范围最大的景别类型。其中，大远景主要是以景物作为拍摄对象，用来展现大的空间，交代故事背景，或者用作展现事件规模和氛围，具有较强的抒情效果。如果画面中有人物，人物也只占很小的比例，或者仅是景物空间的点缀，如图3-2所示。

图3-2　大远景画面

与大远景相比，远景在造型上更为强调空间感和人在其中的位置感，而且叙事性更强，信息交代得更明确，如图3-3所示。

图3-3　远景画面

2. 全景

全景主要用于表现拍摄对象的全貌或人体的全身，同时保留一定范围的环境和活动空间，如图3-4所示。全景可以表现事物或场景全貌，展示环境，并且可以利用环境衬托人物，还可以完整地展现人物的形体动作，通过形体动作刻画人物的内心状态。在一组剪辑画面中全景具有"定位"作用，可以指示被摄主体在特定空间的具体位置。

图3-4　全景画面

3. 中景

中景是表现人物膝盖以上部分或人物腰部以上部分（也称中近景），环境在画面中占有较大的比例，如图3-5所示。与全景相比，中景包容景物的范围有所缩小，人物整体形象和环境处于次要地位，而重点表现人物的上身动作。在短视频拍摄中，中景镜头既能表现一定的环境氛围，又能交代人物主体的形态、动作、表情，甚至多人之间的人物关系，是剧情类短视频中常用的一种景别。

图3-5　中景画面

4. 近景

近景是表现成年人物胸部以上或景物局部的画面，如图3-6所示。近景以表情、质地为表现对象，常用于细致地表现人物的精神面貌和景物的主要特征，可以产生近距离的交流感。近景在表现人物时，人物会占据画面的大部分空间，环境将变得零碎而模糊，观众的注意力被人物的肖像和面部表情所吸引，面部细微的变化也能被观众捕捉到，易于展现人物的内心情感。

图3-6　近景画面

5. 特写

特写是表现人物肩部以上的头像或表现拍摄对象细节部分的画面，是视距最近的画面，如图3-7所示。特写是最具表现力的景别之一，它将被摄主体的某一部分填满整个画面，对其细节部分作更为细致的交代，用来从细节上揭示被摄主体的内部特征，从而起到强化内容、突出细节的作用。同时，也可以利用人物面部表情揭示人物的内心世界，反映人物丰富的情感。

图3-7　特写画面

3.2　画面构图

构图是在摄影摄像中出于内容表达的需要，把人、景、物等拍摄对象按照一定的规律安排在画面中，以取得最佳布局的方法。完美、和谐、统一的画面能够给人以美的享受，而杂乱无章的画面只会冲淡观众的兴致，减弱画面的主题表达力。

3.2.1　画面构图的布局元素

恰当的画面构图可以使拍摄的画面富有表现力和艺术感染力。画面构图的布局元素主要包括被摄主体、陪体、前景、背景、留白等，如图3-8所示。

图3-8　画面构图的布局元素

1. 被摄主体

被摄主体是画面构图的核心元素，可以是人物、建筑等，它是画面主题思想的直接表现者，也是画面结构的中心，通常是画面中最明显、最具有吸引力的元素。在进行画面构图时，一方面要明确被摄主体，另一方面要处理好被摄主体在画面中的位置，以突出被摄主体。

2. 陪体

除被摄主体外的其他元素称为陪体，它对被摄主体起陪衬作用，是对被摄主体的补充和说明。陪体在画面中与被摄主体要么有紧密的联系，要么能够辅助被摄主体表达画面主题。

3. 前景

画面构图中的前景是画面中位于被摄主体前的景物，也是画面中距离视线最近的景物。选择的前景要与主题内容或被摄主体相互衬托，彼此呼应。

4. 背景

背景是指位于被摄主体后面的景物，用来衬托被摄主体，突出被摄主体，向观众交代被摄主体所处的环境及氛围，丰富被摄主体的内涵。

5. 留白

留白是画面构图中比较微妙的元素，其在画面中留下一定的空白区域，以突出被摄主体并增强画面效果。

↘ 3.2.2　画面构图的要素

在画面构图中，光影、色彩、影调、线条等要素是构成视觉形象的基础，拍摄者在摄影过程中要对这些要素进行综合运用，以此来表达画面主题。

1. 光影

摄影是用光的艺术，主要是根据光线的强度和色温来控制画面。在选择、处理光线时，必须考虑拍摄对象周围的环境对画面光影结构的影响。在自然光下，可以采取遮挡、反射等方法来调节光线。在人工光下，则可以自由控制造型效果，并使之发生变化。在自然光和人工光混合使用时．则要注意控制色温的一致。

2. 色彩

色彩在画面构图中有着十分重要的地位，拍摄者设计、提炼和选择搭配色彩元素，从而控制画面色彩的表现效果，并烘托、渲染拍摄主题所需要的情绪基调和氛围。运用色彩可以确定色彩基调，使画面呈现一种色彩倾向性，例如，暖色可以给人生动、充满能量、温暖的感觉，而冷色则给人一种冷静、宁静和舒缓的感觉等。

3. 影调

影调是指画面的明暗层次和虚实对比，以及色彩的明暗关系，是画面构图造型处理、渲染氛围、表达情感的重要手段。简单来说，影调就是光影和色彩组合搭配形成的画面基调。

根据分类标准不同，影调的类型也有所不同。按照画面明暗分布，可以将影调分为高调、低调和中间调。

● 高调画面以白色或明亮的浅色调为主，画面整体明度较高，能够给人以明朗、纯洁、轻快的感觉。

● 低调画面中深灰至黑的影调层次占了画面的绝大部分，能够给人以神秘、肃静、深沉、稳重的感觉。

● 中间调介于高调与低调之间，中间调画面以灰色调或中性色为主，画面层次丰富，明暗反差适中，能够给人以和谐、宁静、柔和的感觉。

按照画面明暗反差，影调又可以分为硬调、软调和中间调。

● 硬调画面明暗差别显著，对比强烈，明暗之间的过渡很少，给人以粗犷、硬朗的感觉。

● 软调画面中缺少最明、最暗的色调，对比不强，反差小，给人以柔顺、平和、细腻的感觉。

● 中间调又称普通调，其明暗反差接近于人眼在正常情况下观察事物的感受，不利于表现画面氛围。

4. 线条

线条一般是指画面所表现出的明暗分界线和形象之间的连接线，不同的线条结构会给人带来不同的视觉感受，例如，水平线给人以宽阔之感，垂直线给人以高耸、刚直之感，斜线给人以动态感，曲线给人以柔美、韵律感等。拍摄者要根据实际情况和构图的需要设计不同的线条。

3.2.3　常用的画面构图方式

下面将介绍手机摄影摄像中一些常用的构图方式，包括对称构图、对比构图、黄金分割构图、对角线构图、曲线构图、框架式构图、L形构图、三角形构图、重复构图、汇聚线构图等。

1. 对称构图

对称构图是指图像或物体在大小、形状和排列上具有一一对应关系，这种构图并不是讲究完全对称，只要做到形式上的对称即可，如图3-9所示。对称构图能够给人以稳定、安逸、平衡的感觉，常见的对称方式有左右对称、上下对称、辐射对称等。

图3-9 对称构图

2. 对比构图

对比构图就是利用对比的方式使被摄主体的特征更加突出，给人以强烈的视觉感受，形成鲜明的视觉效果，如图3-10所示。常见的对比方式有大小对比、明暗对比、虚实对比、动静对比、色彩对比、远近对比、形状对比、质感对比等。

图3-10 对比构图

3. 黄金分割构图

黄金分割是一个数学比例关系，指的是将整体一分为二，较大部分与整体部分的比值等于较小部分与较大部分的比值，其比值约为0.618。黄金分割被公认为是最能引起美感的比例。在日常拍摄中，黄金分割构图的简化版即三分构图法，也称井字构图法，在取景时将被摄主体置于九宫格的4个交点附近，即可使被摄主体在画面中显得更加鲜明、生动，如图3-11所示。

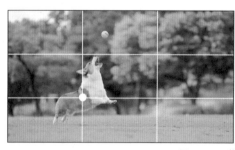 

图3-11 黄金分割构图

4. 对角线构图

对角线构图就是把被摄主体安排在画面的对角线位置上,这样能够有效利用对角线的长度,使陪体与被摄主体产生呼应的关系。对角线构图画面富有动感,看起来更活泼,可以吸引观众的视线,如图3-12所示。

图3-12 对角线构图

5. 曲线构图

曲线构图是指画面上的景物呈曲线的构图形式,具有延长、变化的特点,使画面看上去富有韵律感,如图3-13所示。曲线构图画面的动感效果强烈,既动又稳,适合表现山川、河流、道路、地域等,也适合表现物体或人体的曲线。

图3-13 曲线构图

6. 框架式构图

框架式构图是指在场景中利用环绕的景物突出被摄主体。这种构图方式会让画面充满神秘感,使人产生一种窥视感,引起观众的观看兴趣,使其视觉焦点集中在框架内的被摄主体上,如图3-14所示。可以用作框架的事物有门、树枝、窗户、拱桥、镜子等。

图3-14 框架式构图

7. L形构图

L形构图是指用L形的线条将被摄主体半包围起来，有框架式构图的特点，可以给画面带来一种张力，还可以给人以稳定、安静之感，同时具有视觉引导的作用，如图3-15所示。在实际拍摄中，拍摄者可以灵活运用L形构图方式，L的形状可以是正L形、倒L形或倾斜L形等。

图3-15 L形构图

8. 三角形构图

三角形构图是指在画面中形成一个三角形，这个三角形可以是被摄主体在画面中呈三角形形状或形态分布（如建筑物的一角、山峰、暗部或亮部的阴影等），也可以是以三个视觉中心点作为主要位置共同构成的三角形，如图3-16所示。在三角形构图中，正三角形构图具有安定感，逆三角形则具有不安定感，其他不规则三角形能给人一种灵活感和跃动感。

图3-16 三角形构图

9. 重复构图

当被摄主体是一群相同或相似的个体，将这一群个体同时拍摄下来，就可以起到突出被摄主体的效果，这就是重复构图，如图3-17所示。重复构图能够突出画面结构上的形式美，当画面中重复的物体排列有规律时，就能营造画面的秩序美感。

10. 汇聚线构图

汇聚线构图是指将画面中的一些受透视规律影响并沿纵深方向延伸的线条元素汇聚到画面中的某一位置。汇聚线构图能够很好地表现出空间感及纵深感，从而实现引导视觉的作用，如图3-18所示。

图3-17 重复构图

图3-18 汇聚线构图

3.3 选择取景视角

在手机摄影摄像中,灵活地调整拍摄角度和拍摄距离,可以为画面增添更多的趣味性和视觉张力。下面介绍几种手机摄影摄像中常用的取景视角。

1. 平角度视角

平角度视角是指拍摄者的手机机位高度与被摄主体的高度基本相同。采用平角度视角拍摄的画面可以让被摄主体大小比例不变形,使画面看起来更自然、更真实,能够使人产生一种亲近感,如图3-19所示。

图3-19 平角度视角拍摄的画面

2. 仰角度视角

仰角度视角是指拍摄者在拍摄时降低手机机位,使其低于被摄主体,从而形成一种从下向上看的拍摄视角。采用仰角度视角拍摄，可以让被摄主体看上去更加高大、修长，以天空为背景时可以简化构图，如图3-20所示。

图3-20　仰角度视角拍摄的画面

3．俯角度视角

俯角度视角是指拍摄者在拍摄时手机机位高于被摄主体，形成一种从上向下看的拍摄视角，如图3-21所示。采用俯角度视角拍摄，离镜头近的景物降低，离镜头远的景物升高，可以展现开阔的视野，增加空间的深度。

图3-21　俯角度视角拍摄的画面

4．遮挡视角

遮挡视角是一种巧妙地利用前景元素进行拍摄的技巧，拍摄者利用栏杆、花草树木、汽车等前景元素适当地遮挡画面，使画面更有氛围感，如图3-22所示。

图3-22　遮挡视角拍摄的画面

5．夹缝视角

夹缝视角是指拍摄者在拍摄中利用窗户、树枝、门缝或景物之间的缝隙等进行拍摄，使画面更具有故事感，如图3-23所示。

图3-23 夹缝视角拍摄的画面

6. 倒影视角

拍摄者利用水面、镜面倒影取景，使拍摄视角与常规视角不同，也能产生新奇独特的视觉效果，如图3-24所示。

图3-24 倒影视角拍摄的画面

3.4 光线运用与场景布光

在手机摄影摄像中，拍摄者无时无刻不与光线造型打交道。光线不仅能够照亮环境，还能通过不同的强度、色彩和角度等来描绘世间万物，影响画面的呈现效果。下面将介绍如何选择光线方向和场景布光。

3.4.1 选择光线方向

不同方向的光源照射同一个被摄主体，会产生不同的明暗区域和造型效果。手机摄影摄像常用的光线方向主要有顺光、侧光、斜侧光、逆光和顶光5种。

1. 顺光

顺光又称平光、正面光，光线的照射方向与拍摄方向相同，如图3-25所示。顺光能够使被摄主体表面受光均匀，能够很好地表现被摄主体的色彩，但不利于表现被摄主体的立体感和质感。

2. 侧光

当光线的照射方向与手机相机的拍摄方向呈90°左右时，该光线方向称为侧光，如图3-26所示。侧光可以使被摄主体产生明暗反差和影调变化，可以凸显景物的立体感和质感，也可以刻画人物侧边轮廓和身体曲线。

图3-25 顺光下拍摄的画面

图3-26 侧光下拍摄的画面

3. 斜侧光

斜侧光分为前侧光和背侧光，可以很好地突出景物、环境和人物的明暗层次和质感，充分表现画面的立体感，如图3-27所示。

图3-27 斜侧光下拍摄的画面

4. 逆光

逆光又称背面光、轮廓光，光线投射方向与手机相机拍摄方向相对，如图3-28所示。逆光画面光影生动，空间深度感强，轮廓线条明显，具有较强的艺术表现力。在柔和的逆光下，还可以拍摄具有剪影效果的照片。

5. 顶光

顶光是从被摄主体顶部垂直向下投射的光线，如图3-29所示。顶光下拍摄的画面立体感和质感表现不佳，明暗反差强烈，不宜用于拍摄风光和人像。使用顶光拍摄人物时，需要让人物稍微调整动作和角度，如稍微仰头或低头等。

图3-28 逆光下拍摄的画面

图3-29 顶光下拍摄的画面

↘ 3.4.2 场景布光

光影是摄影摄像的灵魂，学会场景布光，手机也能拍出大片效果。在进行场景布光时，光线的类型大致可以分为主光、辅光、轮廓光、背景光、顶光、修饰光等几种。一般情况下，只需采用3～4种光线类型即可。

在布置各种类型的光线时，切忌同时将所有的灯光全部投射到被摄主体及其背景等处，否则会造成光影的混乱。正确的场景布光，需要按照一定的顺序进行布光。下面将介绍场景布光的一般流程。

1. 确定拍摄主题和场景

在进行手机摄影摄像前，拍摄者首先要确定拍摄主题和场景，以便选择合适的灯光和布光方式。例如，如果拍摄的是美食视频，就需要使用柔和的灯光来凸显食物的美感和质感；如果拍摄的是时尚视频，就需要使用较亮的灯光来凸显时尚感和立体感。

2. 布置环境光线

布置环境光线需要遵循特定环境的固有特征，也就是要清楚"这里为什么有光线"。例如，当需要有阳光透过窗户照进室内时，拍摄者可以在窗户外布置和阳光特征接近的灯光来模拟或加强这种光线效果。

3. 布置拍摄人物的光位

布置拍摄人物的光位时，需要用到经典的"3+2"布光法。"3+2"布光法中的"3"是指主光、辅光及轮廓光。

主光的作用是塑造人物形象，并提供最大限度的光照。主光会影响被摄主体立体形态和轮廓特征的表现，也会影响画面的基调、光影结构和风格，是拍摄者首先要考虑的光线。如果主光能与环境的主要光线使用同一光源，就可以实现最好的效果；如果不能，环境的主要光线就要避开被摄主体。主光的光位需要根据被摄主体的轮廓、质感、立体感和画面明暗影调的表现需要来决定。

辅光是用于补充主光照明效果的光线，一般用于改善主光阴影部分的亮度，能够平衡明暗反差，起到调节人物在画面中立体感的作用。辅光通常和主光形成大于90°但小于180°的夹角。

轮廓光又称勾边光，一般采用直射光从侧逆光或逆光方向的高位投射被摄主体，形成明亮的边缘和轮廓形状，能够起到轮廓造型的作用，分离被摄主体和背景，增强画面的空间深度。

"3+2"布光法中的"2"是指背景光（环境光）和修饰光。在人物实景拍摄中，通常需要交代人物所处的环境，这就需要用背景光照亮人物周围的环境和背景。背景光能够调整被摄主体与背景之间的影调对比，起到突出被摄主体、美化画面的作用，同时还可以营造不同的画面氛围，体现人物的情绪。

修饰光是指画面中起修饰、装点作用的光线。这类光线在拍摄中可以打破经典布光法给人带来的统一、沉闷的感觉，同时不影响经典布光法的造型特征和画面整体的基调，能够起到锦上添花的作用。常见的修饰光有投影光斑、服饰光、眼神光，以及渲染氛围用到烛光、LED氛围灯等。

4. 取景

取景时，拍摄者需要根据场景空间找有纵深的方向进行取景，还要减少场景中的干扰元素，并避开光源的痕迹。例如，在布置直播场景时，人物与背景之间至少要留有1.5米的距离，以呈现更自然的透视效果；在构图上，要选择合适的构图方式（如黄金分割构图），将人物安排在引人注目的位置。手机镜头的位置大致与人物的眼睛高度相同，且没有明显的垂直倾斜，这种角度可以使观众产生情感共鸣和认同感。

5. 调整光比

光比是指被摄主体亮部与暗部的受光比例，反映的是两种光线的强弱关系。光比影响着画面的明暗反差、细部层次和色彩再现。一般可以改变光照强度、角度或使用反光板来调整光比。在手机摄影摄像中，可以通过设置辅助光线来填充阴影，调整画面的光比。

例如，在室内布置一个知识讲解类短视频的场景。拍摄者可以让场景有前景、中景和背景，进而增加画面的纵深感。首先人物坐在桌前，位于中景位置，其次人物前方摆放一些与短视频主题相关的摆件作为前景，最后背景放一些绿植等来修饰画面，塑造空间的层次感。拍摄者在布光时可以使用三盏灯，主灯放置在人物左前侧45°高位并柔化光线，在人物右侧使用反光板并调整合适的角度给人物面部的暗部补光；第二盏灯从人物右后方照射人物肩部，勾勒人物轮廓；第三盏灯调整光线色温照亮背景，以渲染氛围，如图3-30所示。

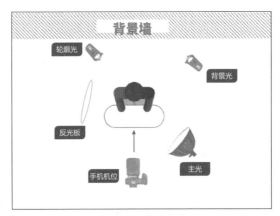

图3-30 场景布光

3.5 拍摄运镜与转场

合理地使用运镜可以给短视频作品带来新的空间和自由，获得成功的画面调度，同时有利于表达视频的故事情节。转场的基本作用是分隔内容，把不同场景的内容用转场的方式分隔开，避免用户在观看时产生混淆，同时过渡的自然与否也格外重要，好的转场可以非常流畅、连贯地衔接各个画面。

3.5.1 运动镜头

运动镜头又称运镜，指拍摄设备通过机位的变化，让画面产生动感的效果，形成视点、场景空间、画面构图、拍摄对象的变化。不同的运镜方法可以形成不同的画面效果。在手机短视频拍摄中，常用的运镜方法有前推运镜、后拉运镜、横移运镜、升降运镜、跟随运镜、摇移运镜、环绕运镜、组合运镜等。

1. 前推运镜

前推运镜就是拍摄者拿着手机不断向前行走进行拍摄，能够由远及近地展现景物。对有被摄主体的前推运镜来说，被摄主体的取景范围由大到小，随着推进，次要部分不断移出画面，所要表现的被摄主体部分逐渐放大，能够起到突出被摄主体的作用，如图3-31所示。

图3-31 前推运镜

2. 后拉运镜

后拉运镜就是拍摄者拿着手机不断往后倒退进行拍摄，是与前推运镜方向完全相反的运镜方式。由于镜头被拉远，整个画面会显得层次丰富，有更多的结构变化。对被摄主体来说，随着镜头被拉远，画面中的元素越来越多，能够展现被摄主体与周围环境之间的关系，如图3-32所示。

图3-32　后拉运镜

3. 横移运镜

横移运镜与前两个运镜相似，只是运动轨迹不同，前两个运镜是前后运动，横移运镜是左右运动。大部分场景都适合横移运镜，这种运镜方式可以为画面增加动感，如图3-33所示。使用横移运镜拍摄时，可以找一个合适的前景，有了远近对比就可以为画面增加空间感。

图3-33　横移运镜

4. 升降运镜

升降运镜就是拍摄者在拍摄时手机向上或向下做移动拍摄。升降运镜包括垂直升降、弧形升降、斜向升降、不规则升降等镜头变化情况。升降运镜会带来画面范围的扩展和收缩，形成多角度、多方位的构图效果，同时可以渲染氛围，体现画面情感的变化。其中，升镜头运镜的画面可以显示广阔的空间，也可以达到情绪升华的效果（见图3-34）；降镜头运镜的画面由大场景环境转换到被摄主体入场，可以为被摄主体营造气势，或形容新事件的展开，如图3-35所示。

图3-34 升镜头运镜

图3-35 降镜头运镜

5. 跟随运镜

跟随运镜就是手机跟随运动着的被摄主体进行视频拍摄的一种运镜方式，可以形成连贯、流畅的视觉效果。常见的跟随运镜主要有前推跟随、后拉跟随和侧面跟随。跟随运镜始终跟随并拍摄一个正在运动中的被摄主体，以便连续而详尽地表现其运动情形，或者表现被摄主体在运动过程中的动作和表情，如图3-36所示。

图3-36 跟随运镜

6. 摇移运镜

摇移运镜就是在拍摄时手机的机位不发生较大的移动，而是转动手机相机镜头的拍摄角度进行拍摄。摇移运镜包括水平横摇、垂直纵摇、间歇摇、环形摇、倾斜摇和甩摇等多种方式。

摇移运镜可以用于介绍环境，或者从一个被摄主体转向另一个被摄主体，或者跟随被摄主体的移动进行跟摇，如图3-37所示。摇移运镜拍摄的画面还可以代表人物的主观视线或表现人物的内心感受。

图3-37 摇移运镜

7. 环绕运镜

环绕运镜是指以被摄主体为中心环绕点，手机围绕被摄主体进行环绕拍摄。环绕运镜展现被摄主体与环境之间的关系或人物之间的关系，可以营造一种独特的艺术氛围，如图3-38所示。环绕运镜拍摄的画面可以展现被摄主体周围全部的景象，立体感很强，使观众有一种身临其境之感，从而留下深刻的印象。

图3-38 环绕运镜

8. 组合运镜

在实际拍摄中，拍摄一个镜头往往不是用单一的运镜方式，而是采用多种运镜的组合进行拍摄，即在一个镜头中，将推、拉、摇、移、跟、升降等镜头运动方式结合起来，展现丰富多变的画面造型效果。例如，在拍摄高大建筑时，常常采用"前推+上摇""下摇+后拉"等组合运镜方式。再如，拍摄一个人物入场片段，先升高机位拍摄空镜头，然后降低机位使人物入场至中近景，展示行走中的人物，接着环绕运镜到人物身后，最后后拉运镜至全景。

↘ 3.5.2 转场技巧

转场即场景转换，是指将两个不同场景的片段衔接起来，恰当的转场可以让视频节奏更好，让整个作品变得更高级、更专业。下面将介绍拍摄时常用的转场技巧，让视频画面在后期剪辑时自然流畅地过渡。

1. 遮挡转场

遮挡转场是一个适用于各类视频的"万能"转场，利用画面中的被摄主体或场景物体作为遮挡物，在前一场景中将镜头逐渐靠近遮挡物，直至画面被完全遮挡，后一场景的画面从被遮挡物遮挡开始远离，让两段画面开头和结尾处的画面一致，实现画面连接和场景转换。例如，前一个镜头的最后被摄主体伸手遮住镜头，后一个镜头从被摄主体用手遮挡镜头开始拍摄，然后移开手展现另一个场景。

2. 相同方向运镜转场

运镜转场就是通过前期运镜加上后期的速度调整实现的转场。采用这种转场时，要注意前后两个运镜的方向和速度要一致。例如，前一个运镜镜头的最后是一个向右甩镜头的动作，那么下一个运镜的开始也需要有一个向右甩镜头的动作。这样，在剪辑时就可以将这两个甩镜头画面的过渡部分作为剪接点进行组接。

3. 相似场景转场

相似场景转场就是镜头运动方向大体一致，拍摄者利用相似场景实现画面的自由衔接。例如，很多影视作品中表现时间流逝的画面就是在相同的场景下完成转场，类似于延时摄影的效果，实现日夜画面的自然转换。

4. 相似动势转场

相似动势转场是指利用人物、交通工具等动势的可衔接性及动作的相似性完成转场的一种方法。例如，上一个镜头为人物一跃而起，从床上跳下来，下一个镜头为人物潜水时跃入海底，这两个镜头在后期剪辑时可以利用人物下降的相似动势进行组接。

5. 换背景转场

换背景转场即在不同的场景下让被摄主体做同一个动作，即可让两个镜头自然组接。例如，被摄主体在两个不同景点做出打响指动作，利用这个动作就可以让这两个镜头进行组接。

3.6 拍摄录音

声音在短视频中是不可或缺的，声音清晰的短视频更容易获得观众的喜爱。短视频中需要录制的声音主要包括两种，一种是后期录制的画外音（旁白），另一种是拍摄现场的同期声。

3.6.1 录制画外音

录制画外音需要找一个安静的环境，使用手机自带的话筒即可录制。录制环境中应当有比较多的针织物、棉织物，如卧室、车内等，以减少声音反射产生的混响，让声音听起来更有质感。

在使用手机话筒录音时，手机话筒不能距离嘴巴太远，一般距离为1米以内，否则人声就会很小。同时也要注意，手机话筒不能距离嘴巴太近，避免出现喷麦、唇齿音、口水声、爆音、呼吸声等问题。

3.6.2 录制同期声

如果想要提升录音的音质，或是在户外录制视频同期声，就需要用到收音设备。收音设备主要有3种，分别是手机耳机、无线领夹话筒和指向性话筒。

使用带有主动降噪功能的手机耳机收音，可以在嘈杂的环境中获得更为纯净的声音，但是由于耳机线的长度有限，使用起来可能会有很大的局限性。

无线领夹话筒采用无线射频技术，可以实现远距离移动便携收音。无线领夹话筒包括1个接收器和1个（或2个）发射器，将接收器插在手机的充电口，发射器佩戴在录音者身上，开机后即可自动配对，如图3-39所示。这类话筒的特点是小巧便携，信号传输稳定，接收距离远，抗干扰性强，拾音清晰灵敏。

指向性话筒的拾音角度很窄，只会收录话筒所指方向的声音，屏蔽其他方向的声音。指向性话筒适合在嘈杂的环境下录音，如街头采访视频、Vlog视频、剧情类短片等，也非常适合收集音效，如打字时敲击键盘的声音、开箱视频或美食短视频中的各种沉浸式音效、自然的环境声等。指向性话筒在使用时无须充电，使用音频线直接连接手机即可，如图3-40所示。

图3-39　无线领夹话筒

图3-40　指向性话筒

3.7　撰写短视频脚本

短视频脚本是拍摄短视频的一种文本指导，是短视频的拍摄大纲和要点规划，可以帮助拍摄者更好地组织短视频内容，提高短视频的质量。下面将介绍如何撰写拍摄提纲和分镜头脚本。

↘ 3.7.1　撰写拍摄提纲

拍摄提纲涵盖短视频内容的拍摄要点，适用于一些不容易掌握和预测的拍摄内容，如MV（Music Video，音乐短片）、Vlog（Video Blog，视频记录）、产品短视频等短片。拍摄提纲通常包括对主题、视角、体裁、风格、画面内容和音乐（音效）的阐述等。表3-1所示为"旅行Vlog"短视频拍摄提纲。

表3-1　"旅行Vlog"短视频拍摄提纲

要点	内容说明
主题	亲子旅行Vlog
视角	交通工具、景点（草地、树林、花园、街道、小巷）

续表

要点	内容说明
体裁	Vlog
风格	清新风格，画面干净、简洁，有前景和留白； 运镜方法主要采用横移运镜、跟随运镜、环绕运镜和固定镜头等； 每个拍摄场景拍3～4个不同景别和视角的镜头，拍摄人物动作分镜头
画面内容	交通工具和路上的风景：如透过窗口拍外面的风景等自带旅行氛围感的画面，用在开篇或结尾，也可用作画面之间的衔接； 人物与景点的互动：人物在景点的一些互动动作，如人物走路、看风景、玩水、逛街等，远景和近景都拍一些； 高动态镜头：比较有张力的动作画面，如奔跑、跳跃、转圈等，这些镜头在剪辑时可以放在音乐的高潮部分； 特写镜头：如开心大笑、欣赏风景的专注表情，以及发丝飘动、手势动作等，这些镜头也可以提升视频的氛围感； 空镜头：如特色建筑、花草、动物、云朵、人群等
音乐（音效）	温柔、清新的纯音乐，录制同期声，如说话声、笑声、环境声等

对拍摄者来说，拍摄提纲写得简单、有效，能够起到一定的提示、指导作用即可。但是，在拍摄时要选择合适的景别与机位，赋予短视频合理的视觉节奏，用丰富的画面变化给观众带来视觉冲击力，带动观众的情绪。

手机摄影摄像中的景别有远景、全景、中景、近景、特写5种，拍摄者在拍摄时至少要使用全景、中景、近景3个景别才能完整地表现故事。全景用来交代故事背景和宏大壮观的场景，中景用来展现故事内容，近景则可以呈现画面细节，展示人物表情。

拍摄者可以用高（俯视）、中（平视）、低（仰视）、正面、斜侧面、侧面、背面等机位进行多角度拍摄，利用镜头变化给观众带来不同的视角，提升视频的趣味感和画面感，吸引观众注意力。

↘ 3.7.2　撰写分镜头脚本

分镜头脚本好比建筑大厦的蓝图，是摄影师进行拍摄，剪辑师进行后期制作的依据，也是所有演员和创作人员领会导演意图、理解剧本内容、进行再创作的依据。分镜头脚本将文字脚本的画面内容加工成一个个具体的、形象的、可供拍摄的画面镜头，并按顺序列出镜头的镜号。

分镜头脚本通常包括标题、场景、镜号、景别、拍摄角度、拍摄手法、画面内容、解说词（对白/旁白）、时长、背景音乐等要素，具体内容可以根据实际拍摄情况进行增减。

在撰写分镜头脚本的过程中，对部分要素的要求如下。

●**标题**：短视频内容的中心，可以明确故事主题和重点。

●**场景**：拍摄的环境，如客厅、厨房、饭店、咖啡店、超市等。

● 景别：远景、全景、中景、近景和特写5种景别，根据不同的画面内容选择不同的景别。

● 拍摄角度：主要有平视、仰视和俯视等。在拍摄时不要一镜到底，多变换角度拍摄，让画面内容更丰富。

● 画面内容：在构思时，将每一个想拍的画面都尽可能详细地描述下来，利用各种场景进行呈现，并把脚本内容拆分在每一个镜头里，同时在脑海中要有画面感。

● 解说词（对白/旁白）：指人物说的话，可以是人物交谈，也可以是画外音或画面注释。

● 时长：把握好短视频单个镜头的时长及短视频的总时长，提前标注清楚，方便拍摄与剪辑。

● 背景音乐：这方面需要平时多积累，学习别人是如何选择音乐的，可以根据音乐的节奏来选择，并与视频节奏相搭配。

例如，表3-2为《梦回土家》分镜头脚本的部分内容。

表3-2 《梦回土家》分镜头脚本的部分内容

镜号	场景	景别	画面内容	拍摄手法	拍摄角度	背景音乐
1	家	中景	女主背着手站立在门前，望向远方	前推运镜	平拍背面	土家语歌曲
2	稻田	全景	土家族吊脚楼（空镜头）	横移运镜	平拍斜侧面	
3	稻田	特写	女主在田埂上举着一支荷叶小跑（脚部特写）	横移运镜	平拍正面	
4	稻田	全景	女主在田埂上举着一支荷叶小跑	横移运镜	平拍斜侧面	
5	稻田	特写	女主侧头望向荷叶	环绕运镜	平拍正面	
6	沿途小路	全景	女主走向路边种的花旁，低头伸手托起花朵	固定镜头	平拍侧面	
7	沿途小路	特写	女主闻花香	固定镜头	俯拍正面	
8	稻田	远景	女主背着背篓行走	固定镜头	平拍正面	

3.8 手机短视频拍摄实战案例

下面利用本章所学的手机摄影摄像知识练习拍摄两个短视频，一个是人物Vlog，另一个是旅拍短视频。

↘ 3.8.1　拍摄人物Vlog

人物Vlog主要记录人物的动作或情绪、人物生活日常、参加某些活动的经历等。本例拍摄一组民族风的人物Vlog，具体拍摄方法如下。

（1）拍摄人物沿水池边的路行走，然后走上木桥的一系列动作，包括以下3个镜头。

镜头1：从人物侧面拍摄远景，人物在水池边的路上行走，如图3-41所示。

镜头2：从人物前方拍摄中景，人物在木桥上行走，采用跟随运镜拍摄，如图3-42所示。

图3-41　从人物侧面拍摄远景

图3-42　从人物前方拍摄中景

镜头3：从人物侧前方拍摄人物走在木桥上的脚部特写，采用固定镜头拍摄，如图3-43所示。

图3-43　从人物侧前方拍摄脚部特写

（2）拍摄人物在小路上跑跳、转圈等动作，包括以下3个镜头。

镜头1：从人物侧前方拍摄，人物跑跳着奔向镜头，采用固定镜头+摇移运镜拍摄，如图3-44所示。

图3-44　人物跑跳着奔向镜头

镜头2：从人物背后拍摄人物行走和转圈的镜头，采用上升+跟随运镜拍摄，如图3-45所示。

图3-45　从人物背后拍摄人物行走和转圈的镜头

镜头3：从人物侧前方拍摄人物行走和转圈的镜头，采用固定镜头+摇移运镜拍摄，如图3-46所示。

图3-46　从人物侧前方拍摄人物行走和转圈的镜头

（3）从背后拍摄人物向前行走的画面，分别拍摄近景镜头和中景镜头，如图3-47和图3-48所示。

图3-47　人物行走近景镜头　　　　　图3-48　人物行走中景镜头

（4）拍摄人物在稻田的一组镜头，包括以下5个镜头。

镜头1：拍摄稻田里农民干活的远景空镜头，采用横移运镜拍摄，如图3-49所示。

镜头2：拍摄水稻的近景空镜头，采用环绕运镜拍摄，如图3-50所示。

镜头3：从后侧方拍摄人物在稻田旁弯腰蹲下，然后用手拨水的全景镜头，采用固定镜头拍摄，如图3-51所示。

图3-49　拍摄稻田里农民干活的远景空镜头

图3-50　拍摄水稻近景空镜头

图3-51　人物拨水的全景镜头

镜头4：从后侧方拍摄人物用手拨水的特写镜头，如图3-52所示。

镜头5：从前侧方拍摄人物用手拨水的特写镜头，如图3-53所示。

图3-52　后侧方拍摄拨水特写镜头

图3-53　前侧方拍摄拨水特写镜头

（5）拍摄人物拿着野花在房屋前行走的一组镜头，包括以下5个镜头。

镜头1：拍摄房檐一角的空镜头，采用环绕运镜拍摄，如图3-54所示。

镜头2：拍摄树枝空镜头，采用环绕运镜拍摄，如图3-55所示。

图3-54　房檐一角空镜头

图3-55　树枝空镜头

镜头3：从侧面拍摄人物手拿野花行走的中景镜头，采用跟随运镜拍摄，如图3-56所示。

镜头4：从侧面拍摄人物手拿野花行走的特写镜头，采用跟随运镜拍摄，如图3-57所示。

图3-56　人物手拿野花行走的中景镜头　　　　图3-57　人物手拿野花行走的特写镜头

镜头5：拍摄路边房屋建筑的空镜头，采用横移运镜拍摄，如图3-58所示。

图3-58　路边房屋建筑的空镜头

（6）拍摄人物向村民问路，然后走上台阶继续行走的一组镜头，包括以下2个镜头。

镜头1：从后侧方拍摄人物向村民问路的全景镜头，采用固定镜头拍摄，如图3-59所示。

镜头2：从侧面拍摄人物走上台阶，并继续行走的中景镜头，采用摇移运镜跟拍，如图3-60所示。

图3-59　人物向村民问路的全景镜头　　　　图3-60　人物走上台阶并继续行走的中景镜头

↘ 3.8.2 拍摄旅拍短视频

本例拍摄一组旅拍短视频，主要使用各种运镜手法进行拍摄，在拍摄过程中注意不要只看屏幕上的画面，同时要注意拿手机的姿势和脚下的步伐。下面讲解部分镜头的拍摄方法。

（1）拍摄路旁的标识牌

采用"前推+摇移+环绕+后拉"组合运镜方式进行拍摄，当手机前推到标识牌前时慢慢上摇镜头，环绕到标识牌后方时再慢慢下摇并后拉运镜，如图3-61所示。

图3-61 拍摄路旁的标识牌

采用同样的方法拍摄景区文字标识，如图3-62所示。在拍摄前规划好行走路线，可以先拿着手机试拍几次，再正式拍摄。

图3-62 拍摄景区文字标识

（2）拍摄人物动作

在拍摄时采用"下摇+后拉"组合运镜方式进行拍摄，先仰拍人物前方的景物，接着下摇后拉至人物近景，最后让人物做出指定动作，如图3-63所示。

图3-63　拍摄人物动作

（3）拍摄街区标识

在拍摄时先仰拍靠近文字，然后下摇后拉运镜，当显示出所有文字后向左环绕运镜，并使文字移出画面，方便后期与同方向的环绕镜头组接，如图3-64所示。

图3-64　拍摄街区标识

（4）拍摄公园门头

采用"前推上仰+仰拍旋转+下摇后拉"组合运镜方式拍摄公园门头，如图3-65所示。

（5）拍摄集市街道

将手机相机切换到延时摄影模式，采用前推运镜，沿街道进行拍摄，如图3-66所示。

图3-65　拍摄公园门头

图3-66　拍摄集市街道

（6）拍摄集市夜景

规划拍摄路线，先从城楼外开始拍，然后穿过城门进入集市。拍摄时将手机相机切换到延时摄影模式，在城楼外先从右侧环绕运镜到城门位置，再前推运镜穿过城门，进到集市，如图3-67所示。

图3-67　拍摄集市夜景

（7）拍摄木楼建筑屋檐

采用"仰拍前推+环绕"的组合运镜方式拍摄木楼建筑屋檐，如图3-68所示。

图3-68　拍摄木楼建筑屋檐

（8）拍摄灯笼和人物

先仰拍灯笼，使灯笼几乎占据整个画面，然后采用"下摇后拉+环绕"组合运镜方式拍摄人物中景，如图3-69所示。

图3-69　拍摄灯笼和人物

（9）拍摄人物在文字标识前走过

采用"前推+环绕+后拉"的组合运镜方式低角度仰拍人物行走，运镜方向与人物行走方向相对而行，如图3-70所示。拍摄时要注意运镜的速度，当人物走到画面中央时，镜头应正好环绕到人物的侧面。

图3-70　拍摄人物在文字标识前走过

（10）拍摄集市画面

采用横移运镜拍摄集市画面，在拍摄时使用柱子作为前景遮挡画面，背景呈现虚焦状态，然后向左横移展示集市场景，如图3-71所示。

图3-71　拍摄集市画面

课后练习

1. 运用不同的取景视角和构图方式拍摄一组风光照片。
2. 运用不同景别和运镜方法拍摄人物Vlog。
3. 运用各种组合运镜方式拍摄旅拍短视频。

第 4 章 手机摄影摄像与短视频拍摄工具

【知识目标】

➤ 了解手机自带相机的拍摄模式。

➤ 掌握手机相机App的使用方法。

➤ 掌握图片处理App的使用方法。

➤ 掌握短视频拍摄工具的使用方法。

【能力目标】

➤ 能够灵活运用手机自带相机的拍摄模式。

➤ 能够使用轻颜相机、无他相机、美颜相机和Faceu激萌拍摄照片。

➤ 能够使用美图秀秀、醒图和天天P图处理照片。

➤ 能够使用抖音、快手、微视、美拍拍摄短视频。

【素养目标】

➤ 拓宽拍摄视角,培养敢于打破常规的创新精神。

➤ 勤于实践,敢于实践,将实践作为个人成长的最优课堂。

本章将介绍如何使用手机摄影摄像与短视频拍摄工具来拍摄照片和短视频。这些工具都具有独特的功能和特点,可以让手机摄影摄像变得更加专业和便捷,还可以帮助用户解决各种拍摄难题,提升摄影摄像水平和创作能力。

4.1 手机自带相机

手机自带相机中除了具有基本的自动拍摄模式外，还提供了多种针对不同场景的拍摄模式，用户只需点击几个按钮即可获得各种特殊效果。下面分别对这些拍摄模式进行简单介绍。

1. 人像模式

采用手机相机的人像模式可以拍出背景虚化的人像照片，通过弱化背景来突出被摄主体，增强画面的层次感，如图4-1所示。在拍摄时，要想获得更好的人像虚化效果，手机和人像的距离要保持在1.5～2米，对准人物脸部进行对焦，还可以用树叶或鲜花挡在人物前，以获得柔美且有层次感的前景虚化效果。

图4-1　人像模式

2. 大光圈模式

使用手机相机的大光圈模式拍摄照片或视频，可以突出拍摄主体，虚化模糊无关的背景杂物。将手机相机切换为大光圈模式，选择合适的焦距，并对被摄主体进行对焦，如图4-2所示。点击"虚拟光圈"按钮，对光圈值进行调节，数值越小，背景虚化效果就越明显，如图4-3所示。调整完成后，点击"拍摄"按钮拍摄照片。

图4-2　对焦被摄主体　　　　　　　图4-3　调整光圈大小

在手机相机中查看拍摄的照片效果，点击"光圈"按钮，如图4-4所示。进入"大光圈特效"界面，点击照片的不同区域，可以重新设置对焦点位置，拖动底部滑块，调节光圈值，如图4-5所示。点击"滤镜"按钮🔳，可以为虚化的背景添加效果，在此选择"漫画"滤镜，效果如图4-6所示。

图4-4 点击"光圈"按钮

图4-5 调整光圈效果

图4-6 应用滤镜效果

3. 夜景模式

在夜晚或弱光环境下使用手机相机的夜景模式进行拍摄，可以提升照片的亮度，使照片呈现出更丰富的色彩和细节，或者呈现出更好的明暗对比效果。图4-7（左）所示为普通模式下拍摄的夜市照片，图4-7（右）所示为夜景模式下拍摄的夜市照片。

图4-7 普通模式与夜景模式的照片对比

4. 微距模式

手机相机的微距模式可以用来拍摄微小的景物，如昆虫、花朵、露珠、叶子纹理等，轻松记录肉眼无法看到的细节，如图4-8所示。在拍摄时要控制好手机相机与被摄主体之间的距离，并保持手机相机稳定，否则画面可能会模糊不清。

图4-8　微距模式

5. HDR模式

在明暗对比相差较大的环境中拍摄时，手机相机的HDR模式可以同时提升照片高光部分和阴影部分的效果，最终使画面达到高光部分不过曝、阴影部分不欠曝的效果，使画面呈现更多的细节，更加富有层次感。图4-9（左）所示为未使用HDR模式拍摄的照片，图4-9（右）所示为使用HDR模式拍摄的照片。

图4-9　未使用HDR模式与使用HDR模式的照片对比

HDR模式适用于拍摄逆光、风光等拥有丰富光线与色彩的场景，但不适合拍摄有运动物体的场景，否则容易使运动物体出现拖影。

6. 全景模式

手机相机的全景模式可将捕获的画面合成一幅宽广的大幅照片。在拍摄前先从取景框中观察拍摄对象两端的受光情况，为了避免画面过曝，一般要从亮的一端向暗的一端移动。

打开手机相机的全景模式，默认为从左向右移动，如果需要从右向左拍摄，则将手机旋转180°即可。点击"快门"按钮🔘开始拍摄（见图4-10），沿水平方向向右缓慢移动手机相机，拍摄完成后点击"停止"按钮▪，即可完成全景照片的拍摄，如图4-11所示。打开手机相册，查看拍摄的全景照片效果，如图4-12所示。

图4-10　开始拍摄全景照片

图4-11　停止拍摄全景照片

图4-12　全景照片效果

7. 黑白艺术模式

使用手机相机的黑白艺术模式拍照可以突出画面的明暗和线条，摒弃色彩的干扰，更好地呈现照片的氛围和主题。黑白艺术模式包括"普通""大光圈""人像""专业"四种模式，用户可以根据拍摄对象来选择所需的模式，如图4-13所示。图4-14所示为使用手机相机的黑白艺术模式拍摄的旋转楼梯。

图4-13　黑白艺术模式

图4-14　旋转楼梯照片

8. 流光快门模式

使用手机相机的流光快门模式可以捕捉光线的运动轨迹，并自动延长快门时间。用户无须手动调节光圈快门，也能拍出流光溢彩、美轮美奂的特殊光影照片。

手机相机的流光快门模式包含"车水马龙""光绘涂鸦""丝绢流水"和"绚丽星轨"四种模式。在此选择"丝绢流水"模式拍摄河流，如图4-15所示。点击"快门"按钮◙开始拍摄，在取景框中观察拍摄效果，当曝光合适时点击"停止"按钮◙结束拍摄，如图4-16所示。

图4-15 选择"丝绢流水"模式　　　　　图4-16 拍摄河流照片

9. 延时摄影模式

延时摄影是一种将时间压缩的拍摄技术，拍摄的是一组照片或视频，后期通过照片串联或视频抽帧，把几分钟、几小时，甚至几天、几年的过程压缩到一个较短的时间内进行播放，以明显变化的影像再现景物缓慢变化的过程。延时摄影主要用于拍摄云海、日转夜、城市的车水马龙、建筑制造、生物演变等场景。

在手机相机中选择延时摄影模式，选择合适的拍摄焦距，并对画面进行合适的曝光调整，如图4-17所示。若当前曝光不合适，可以点击 按钮，进入手动模式，点击"PRO"按钮，然后设置各项专业参数。在此将ISO调整为50，将快门速度调整为1/200秒，如图4-18所示。

图4-17 延时摄影模式　　　　　　　图4-18 设置拍摄参数

点击"速率"按钮 ，根据拍摄内容选择合适的速率，速率越高，视频的播放速度越快，如图4-19所示。点击"快门"按钮 ，开始拍摄延时摄影视频，如图4-20所示。

图4-19 调整速率　　　　　　　图4-20 开始拍摄延时摄影视频

10. 慢动作模式

慢动作视频也称升格视频，手机相机在拍摄时选择更高的帧率进行拍摄，如120帧/秒、240帧/秒、960帧/秒，在放映时以30帧/秒帧率放映，就可以实现画面慢放效果。

在手机相机中选择慢动作模式，根据需要调整画面对焦和曝光，如图4-21所示。点击"速率"按钮 ，然后拖动滑块选择所需的慢放倍数，如图4-22所示。点击"快门"按钮 ，开始拍摄慢动作视频。

图4-21　调整画面对焦和曝光　　　　　　图4-22　选择速率

慢动作视频拍摄完成后，在手机相册中播放视频，点击时间轴左侧的"慢动作"图标 （见图4-23），进入"慢动作调整"界面，拖动白色滑杆调整慢动作片段，然后点击 按钮，如图4-24所示。

图4-23　点击"慢动作"图标　　　　　　图4-24　调整慢动作片段

4.2　手机相机App

下面介绍几款非常好用的手机相机App，它们在手机相机基本功能的基础上提供了更为丰富的功能，如脸部精修、高级质感滤镜、AR贴纸、畸变矫正、打卡水印、拍照姿势参考等。

↘ 4.2.1　轻颜相机

轻颜相机是一款流行的美颜相机App，其内置有丰富且好看的滤镜和精致且自然的美颜效果，让用户可以在不同场景下一键轻松拍出高级风格的自拍照片。轻颜相机主打风格效果，它将时下流行的自拍效果定义成不同的风格，只需一键操作即可获得潮流拍照效果。除了拍摄照片，轻颜相机还具有拍视频、修图、视频美化等功能。下面将介绍如何使用轻颜相机中的风格效果进行拍照。

（1）打开"轻颜相机"App，自动进入拍摄界面。点击右侧的"经典"按钮 ，弹出3种拍摄模式，分别的是经典模式、原生模式和原相机模式。使用经典模式可以一键拍出美颜后的照片，系统瞬间完成自动磨皮、美白、降噪、瘦脸、美化眼睛等美化效果，如图4-25所示。使用原生模式可以拍出更具质感的照片，特点是不磨皮、保留皮肤细节，精准识别色彩，不改变脸上原本的妆容。原相机模式可以拍摄接近原相机效果的照片，且支持曝光、色温、高光、阴影等参数调节。

（2）点击"风格"按钮✧，在弹出的界面中可以按照不同的类别选择拍摄风格，例如，在此选择"随手拍"类别下的"Travel"风格。在拍摄界面下方可以拖动滑块调整"滤镜"和"补妆"的强度，如图4-26所示。

（3）轻颜相机还提供了姿势功能，在拍照时为不会摆姿势的用户提供姿势参考。点击"找灵感"按钮 ，在弹出的界面中选择所需的姿势效果，拍摄界面中将显示一组姿势，点击即可显示姿势参考线，如图4-27所示。

图4-25　经典模式

图4-26　选择风格

图4-27　显示姿势参考线

（4）在"风格"界面中点击"更多风格"按钮，将打开"风格推荐"界面，点击右上方的"创作"按钮 还可以创建自定义风格，用户可以搜索或按照类型选择所需的风格，如图4-28所示。

（5）选择要使用的风格后，点击"拍同款"按钮，进入所选风格的拍摄界面，点击"收藏"按钮收藏风格，点击风格图标即可使用该风格进行拍照，如图4-29所示。

（6）返回经典模式拍摄界面，打开"风格"菜单，点击"收藏"分类，可以看到收藏的风格，如图4-30所示。

图4-28　"风格推荐"界面

图4-29　使用风格效果拍照

图4-30　查看收藏的风格

↘ 4.2.2　无他相机

　　无他相机是为喜欢自拍和拍摄Vlog的用户量身定制的一款App，其界面简洁、功能强大，内置丰富的精美贴纸及特效滤镜素材，多种个性化特色妆容支持用户随时应用。此外，还可以将无他相机当做计算机上的摄像头，加上美颜效果，同步进行在线直播。

　　在"无他相机"主界面中提供了一些快捷功能按钮，如图片精修、拍同款、海报拼图、剧场相机、热门贴纸、直播助手、素描画、表情包制作、水印打卡等，如图4-31所示。

　　（1）点击"拍同款"按钮，进入"拍同款"界面，用户可以根据需要选择风格模板进行"拍同款"或"修同款"操作，如图4-32所示。

　　（2）点击下方的"相机"按钮，进入拍摄界面，在界面下方选择拍摄模式，在此点击"视频"按钮进入录像模式，然后根据拍摄内容选择拍摄主题，在此点击"风景"按钮，进入"风景"模式，如图4-33所示。

　　（3）点击界面下方的"滤镜"按钮🔘，在弹出的界面中选择一种喜欢的滤镜效果，拖动滑块调整滤镜的强度，如图4-34所示。

　　（4）点击"风格"按钮🖼，在弹出的界面中选择喜欢的风格来包装视频，风格中主要包括滤镜、妆容、个性贴纸等元素，拖动滑块调整滤镜的强度，如图4-35所示。

　　（5）点击"打卡"按钮📋，在弹出的界面中提供了一些打卡贴纸，可以为视频添加时间、地点等水印，以便用户拍照打卡，如图4-36所示。

图4-31 "无他相机"主界面

图4-32 "拍同款"界面

图4-33 "风景"模式

图4-34 选择滤镜

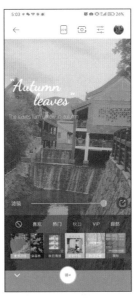

图4-35 选择风格

图4-36 选择打卡贴纸

↘ 4.2.3 美颜相机

美颜相机是美图公司推出的一款自拍相机App，具有一键美颜、人像美容、视频美颜、高级柔焦、瘦脸瘦身、多种滤镜、智能拍摄、社交分享等功能。

在"美颜相机"主界面中提供了一些拍摄快捷功能按钮，如超清人像、苹果模式、他拍模式、复古胶片机、高清录像、水印相机、智能抠图等，如图4-37所示。

（1）点击"相机"按钮，打开相机拍摄界面，默认进入经典拍照模式，如图4-38所示。

（2）点击"美颜"按钮✂，在弹出的界面中调整实时美颜效果，包括美颜、美妆、美体和3D打光，调整完成后点击"返回"按钮⌄，如图4-39所示。

图4-37　"美颜相机"主界面

图4-38　经典模式

图4-39　"美颜"界面

（3）点击"滤镜"按钮♧，可以为画面应用调色滤镜，或者手动调整各项调色参数，还可以开启虚化和暗角。点击"风格"按钮◇，可以为人物应用各种风格妆容，并根据需要调整妆容和滤镜的强度。点击"贴纸"按钮☺，可以为人物添加创意AR贴纸。

（4）点击"苹果模式"按钮，进入苹果模式，使照片获得用苹果手机拍摄的画质效果，在该模式下可以对画面进行白平衡、打光、调节、夜拍补光等参数调整，如图4-40所示。

（5）点击"原生"按钮进入原生模式，如图4-41所示。在该模式下点击"调色主题"按钮，可以选择一个原生模式下的高级质感滤镜。

（6）点击"MEN"按钮进入男生拍照模式，该模式提供了一些男生"潮拍"质感滤镜。点击"更多"按钮，在弹出的界面中可以选择更多拍照模式，如图4-42所示。

（7）在"CCD卡片机"模式下可以拍摄具有CCD卡片机效果氛围感的照片，在拍摄时可以选择不同的相机机型，并设置相关拍照效果，如图4-43所示。

（8）在"高清录像"模式下可以拍摄更高清、更流畅的视频，用户可以调整曝光、虚化、白平衡、变焦、夜拍补光等参数，如图4-44所示。

（9）在"他拍"模式下可以使用手机后置摄像头拍摄全身照片，该模式提供了丰富的姿势库，用户也可以添加相册内的照片作为姿势参考图，解决各种场景下的拍照摆姿势难题，如图4-45所示。

图4-40　苹果模式

图4-41　原生模式

图4-42　更多模式界面

图4-43　"CCD卡片机"模式

图4-44　"高清录像"模式

图4-45　"他拍"模式

↘ 4.2.4　Faceu激萌

　　Faceu激萌是一款流行的自拍相机App，它提供了丰富的多样化贴纸，具有精致五官微调、自由补妆搭配、各种高级主题滤镜、跟拍录像、GIF表情包制作等功能。在"Faceu激萌"App主界面中，提供了一些快捷功能按钮，包括"火爆贴纸""精美滤镜""漫画脸""相册导入""拍同款"等按钮，如图4-46所示。

　　（1）点击"拍摄"按钮进入拍摄界面，在界面下方选择拍摄模式，在此选择"拍摄"模式拍摄照片，如图4-47所示。

（2）点击"美颜"按钮◎，在弹出的界面中对人像进行美颜、美体、美妆等美化处理，例如，调整脸型、一键瘦身、修容、染发等，调整完毕后点击界面左下方的"返回"按钮∨，如图4-48所示。

图4-46　"Faceu激萌"主界面

图4-47　拍摄界面

图4-48　设置美颜效果

（3）点击"滤镜"按钮◎，选择所需的滤镜类型，然后拖动滑块调整滤镜效果，如图4-49所示。

（4）点击"贴纸"按钮◎，在弹出的界面中选择所需的贴纸类型，并根据需要调整贴纸效果，如图4-50所示。

（5）在拍摄界面下方点击"表情包"按钮，进入"表情包"模式，点击"贴纸"按钮，选择一种漫画贴纸，然后点击"拍摄"按钮，即可拍摄动态表情包图片，如图4-51所示。拍摄完成后，用户可以根据需要为表情包添加文字或调整速度。

图4-49　应用滤镜效果

图4-50　选择贴纸

图4-51　拍摄动态表情包图片

4.3　图片处理App

下面介绍几款常用的图片处理App，这些App提供了丰富的图片处理功能，可以满足用户在图片美化、分享等方面的需求。

视频

美图秀秀

↘ 4.3.1　美图秀秀

美图秀秀是一款专为热爱拍照的用户打造App，拥有图片美化、拼图、抠图、老照片修复、AI修图、图片压缩、画质修复、视频剪辑、视频美容、海报设计等丰富的功能。

下面将介绍如何使用"美图秀秀"App快速美化照片，具体操作方法如下。

步骤 01　打开"美图秀秀"App，点击"图片美化"按钮，如图 4-52 所示。

步骤 02　在弹出的界面中选择手机相册中的照片，进入图片编辑界面，点击"编辑"按钮，如图 4-53 所示。

步骤 03　选择"旋转"选项卡，拖动标尺调整照片的角度。选择"矫正"选项卡，点击"中心"按钮，拖动标尺矫正透视畸变，然后点击✔按钮，如图 4-54 所示。

步骤 04　再次点击"编辑"按钮，选择"裁剪"选项卡，拖动裁剪控制柄调整裁剪区域，然后点击✔按钮，如图 4-55 所示。

步骤 05　点击"美图配方"按钮，选择"风景"类别，然后选择所需的美图配方，即可一键获得同款的美图配方，并将其应用到照片上，效果如图 4-56 所示。

步骤 06　点击"图层"按钮，可以看到当前效果所用的配方。点击要修改的图层，进入相应的编辑界面，点击标题文字贴纸图层左侧的图标关闭图层效果，如图 4-57 所示。修图完成后，点击界面右上方的"保存"按钮，将其保存到手机相册中。

图4-52 点击"图片美化"按钮

图4-53 点击"编辑"按钮

图4-54 矫正畸变

图4-55 裁剪照片

图4-56 选择美图配方

图4-57 关闭图层效果

4.3.2 醒图

醒图是一款操作简单、功能强大的全能修图App，它提供了智能模板、滤镜、色调、贴纸、文字、特效、漫画卡通玩法等多种功能，能够一站式满足各种修图需求，让用户轻松地为照片增添创意和个性。

下面将介绍如何使用醒图快速修图，具体操作方法如下。

步骤 01 打开醒图App，点击"导入"按钮，如图4-58所示。

步骤 02 在弹出的界面中添加手机相册中的照片，进入编辑界面，点击"模板"按钮，程序将根据图片推荐一系列模板，如图4-59所示。

视频

醒图

步骤 03 选择所需的模板，即可应用该模板效果，如图 4-60 所示，点击图片上的文字，将其选中后删除。

图4-58　点击"导入"按钮　　图4-59　点击"模板"按钮　　图4-60　应用模板效果

步骤 04 在下方点击"滤镜"按钮，然后点击"高级编辑"按钮，如图 4-61 所示。

步骤 05 在弹出的界面中可以看到当前效果所用到的滤镜，用户可以根据需要调整滤镜强度或顺序，也可以添加新的滤镜，如图 4-62 所示。

步骤 06 点击"调节"按钮，其中提供了多种色彩调节工具，工具下方带有点标记的是当前效果所用到的调节效果，根据需要修改各项调节参数对当前效果进行微调，如图 4-63 所示。

图4-61　点击"高级编辑"按钮　　图4-62　调整滤镜效果　　图4-63　调整调节参数

4.3.3　天天P图

视频

天天P图

"天天P图"是一款集自拍相机、美容美妆、疯狂变脸、魔法抠图等多功能于一体的修图App。下面将介绍如何使用天天P图快速美化照片，具体操作方法如下。

步骤 01 打开天天P图App，点击"装饰美化"按钮，如图4-64所示。

步骤 02 在弹出的界面中选择手机相册中的图片，点击"智能美化"按钮※，如图4-65所示。

步骤 03 此时程序开始自动识别图片，并调整色彩氛围，效果如图4-66所示。

图4-64　点击"装饰美化"按钮　图4-65　点击"智能美化"按钮　图4-66　查看美化效果

步骤 04 在"首页"界面中点击"美容美妆"按钮，添加手机相册中的人像照片，然后点击"风格美颜"按钮，如图4-67所示。

步骤 05 在弹出的界面中选择所需的滤镜效果，然后拖动滑块调整滤镜强度，如图4-68所示。

步骤 06 点击"五官重塑"按钮，在弹出的界面中根据需要对脸、眼、鼻、嘴、眉等进行调整，然后点击√按钮，如图4-69所示。

图4-67　点击"风格美颜"按钮　图4-68　设置美颜风格

图4-69 "五官重塑"界面

4.4 短视频拍摄工具

常见的短视频平台除了可以上传视频外，还提供了拍摄、剪辑和美化功能，用户利用短视频平台App就可以轻松地拍摄出优质的短视频作品，并一键发布到短视频平台上。下面将介绍如何使用短视频平台App拍摄短视频。

↘ 4.4.1 抖音

抖音是一款非常流行的短视频App，其功能主要包括视频制作、视频分享、视频发现、社交互动、直播等。下面将简要介绍如何使用抖音制作短视频。

步骤 01 打开抖音App，在首页界面中点击下方的 ⊞ 按钮，如图4-70所示。进入视频制作界面，在界面下方点击"分段拍"按钮，进入拍摄界面，选择"60秒"拍摄时间。在界面右侧提供了视频拍摄相关的功能按钮，包括倒计时、美颜、滤镜、快慢速等。点击"拍摄"按钮 ⊙ ，即可开始第一段视频的拍摄，如图4-71所示。点击"暂停"按钮 ⊡ ，即可完成第1段视频的拍摄，如图4-72所示。点击 ⊠ 按钮，可以删除上一段视频并重拍。

步骤 02 点击 ↻ 按钮，切换到前置摄像头进行自拍。点击界面左下方的特效按钮，选择"卡通脸"特效，如图4-73所示。点击"拍摄"按钮，继续拍摄第2段视频。

步骤 03 在界面右侧点击"倒计时"按钮 ⊙ ，然后拖动时间线选择暂停位置，点击"开始拍摄"按钮，当拍摄时长达到设置的时长后将自动暂停拍摄，如图4-74所示。

步骤 04 拍摄完成后点击 ✓ 按钮，进入视频编辑界面，在此可以剪辑视频，为视频添加音乐、文字、贴纸、特效、画笔、滤镜、字幕，变声效果等，如图4-75所示。

图4-70 抖音首页界面

图4-71 "分段拍"界面

图4-72 完成第1段的拍摄

图4-73 选择"卡通脸"特效

图4-74 倒计时拍摄

图4-75 视频编辑界面

步骤 05 点击"剪裁"按钮🔲，进入视频剪裁界面，根据需要对各段视频进行修剪、删除、调速、添加转场等设置，完成后点击"保存"按钮，如图4-76所示。

步骤 06 点击"下一步"按钮，进入发布界面，如图4-77所示。输入短视频文案并添加话题，设置相关发布选项，点击"发布"按钮，即可将短视频发布到抖音平台。点击"存草稿"按钮，可以先将作品保存到草稿箱，以后再选择合适的时间进行发布。

图4-76　视频剪裁界面

图4-77　发布界面

4.4.2　快手

快手是一款用户群体特别庞大的短视频App，其功能主要包括视频制作、视频分享、视频发现、社交互动、直播等。下面将简要介绍如何使用快手制作短视频。

步骤 01 打开快手App，在界面下方点击⊙按钮，进入制作界面，如图4-78所示。在界面下方选择拍摄模式，在此选择"多段拍"模式，进入视频拍摄界面。在界面右侧提供了倒计时、灵感、变速、定时停、超广角等拍摄功能。点击"灵感"按钮◙，系统将自动智能识别拍摄对象，并提供推荐玩法，如图4-79所示。

步骤 02 点击"拍摄"按钮◉，开始拍摄短视频。点击"暂停"按钮▣，完成第1段视频的拍摄。翻转摄像头，换下一个场景继续拍摄第2段视频，如图4-80所示。

步骤 03 拍摄完成后点击"下一步"按钮，进入视频编辑界面，根据需要可以对视频进行多种编辑功能，如美化、配乐、封面、文字、画质增强、剪辑、画布、特效、贴纸、自动字幕、涂鸦等，如图4-81所示。

步骤 04 点击"模板"按钮回，在打开的界面中选择所需的主题模板，即可一键剪辑短视频，然后点击✔按钮，如图4-82所示。点击"下一步"按钮，进入发布界面，添加话题和描述，并进行发布设置，点击"发布"按钮，即可发布快手短视频，如图4-83所示。点击左上方的"返回"按钮‹，将弹出"返回编辑"和"存草稿"选项，选择"存草稿"选项，可以先将作品保存到草稿箱。

图4-78　点击⊕按钮

图4-79　"多段拍"界面

图4-80　拍摄第2段视频

图4-81　视频编辑界面

图4-82　选择主题模板

图4-83　发布界面

↘ 4.4.3　微视

微视是腾讯旗下短视频平台与分享社区，用户不仅可以在微视上浏览各种短视频，同时还可以通过制作短视频来分享自己的所见所闻。

步骤 **01** 打开微视App，进入"首页"界面，点击➕按钮，如图4-84所示。进入制作界面，用户可以使用模板制作短视频，或使用微视编辑手机相册中的视频素材。在界面下方点击"拍视频"按钮，进入视频拍摄界面，如图4-85所示。在界面右侧包括音乐、滤镜、美颜、倒计时、变速等功能，在界面下方可以选择美化功能拍摄画面。

步骤 02 在界面右侧点击"滤镜"按钮❸，可以设置人像美容，或选择"美食""风景"类的滤镜效果，点击左侧的◙按钮可以在拍摄界面添加暗角效果，如图 4-86 所示。

图4-84 微视"首页"界面

图4-85 "拍视频"界面

图4-86 应用滤镜效果

步骤 03 点击"拍摄"按钮◯即可开始拍摄多段视频，再次点击可暂停拍摄，点击"删除上一段"按钮即可删除上一段拍摄的视频，如图 4-87 所示。点击"拍好了"按钮，进入视频编辑界面，根据需要对各视频片段进行编辑，如设置音乐、文字、贴纸、画幅背景、滤镜、美颜、特效等。点击"一键出片"按钮可以选择模板一键制作短视频，自动为短视频添加音乐、文字、贴纸、特效等，如图 4-88 所示。

步骤 04 点击"做好了"按钮，进入"发布视频"界面，设置封面和片尾，输入视频描述，点击"存草稿"按钮可以先将作

图4-87 分段拍摄视频

图4-88 视频编辑界面

品保存到草稿箱，等待以后编辑或发布。点击"发布"按钮即可将作品发布到微视平台，还可以打开"同步到朋友圈"功能，将作品同步到微信朋友圈，如图 4-89 所示。

图4-89 "发布"界面

↘ 4.4.4 美拍

美拍是一款短视频App，其功能主要包括视频制作、视频分享、社交互动、直播等。

步骤 **01** 打开美拍App，进入"首页"界面，点击界面底部的⊕按钮，进入视频拍摄界面，如图4-90所示。在制作界面下方点击"玩法库"按钮，可以选择模板创建同款短视频，如图4-91所示。点击"5分钟"按钮，进入5分钟拍摄界面，在该界面中可以添加滤镜、道具和音乐，设置变速拍摄和美颜效果等，如图4-92所示。

图4-90 点击⊕按钮

图4-91 "玩法库"界面

图4-92 "5分钟"拍摄界面

步骤 **02** 点击"拍摄"按钮 ⬤，开始分段拍摄视频；点击 ■ 按钮，可以暂停视频拍摄，如图 4-93 所示。拍摄完毕后点击 ✓ 按钮，进入视频编辑界面，可以对视频片段进行修剪、变速、添加动画、删除等操作，还可以进行视频美容，如图 4-94 所示。

步骤 **03** 点击界面右上方的"下一步"按钮，进入"发布"界面（见图 4-95），设置视频封面，输入视频标题，设置"添加到圈子""记录位置"等选项。点击"水印等其他设置"选项，可以填写分类、标签等更多视频信息，添加水印，设置定时发布等。点击"保存"按钮，可以将视频保存到草稿箱。点击"发布"按钮，即可发布短视频。

图4-93 分段拍摄视频

图4-94 视频编辑界面

图4-95 "发布"界面

课后练习

1. 使用手机自带相机的各种拍摄模式拍摄照片和视频。
2. 使用轻颜相机、无他相机、美颜相机、Faceu激萌等手机相机App拍摄照片。
3. 使用美图秀秀、醒图、天天P图等App处理拍摄的照片。
4. 使用抖音、快手、微视、美拍等App拍摄并编辑短视频。

第5章 短视频后期剪辑基础

【知识目标】

- ➢ 了解短视频后期剪辑的基本流程。
- ➢ 了解短视频音乐的选择与编辑方法。
- ➢ 了解短视频调色和字幕设计的原则。
- ➢ 掌握镜头组接常用的剪辑方法。
- ➢ 掌握剪接点的选取、转场方式及运用。

【能力目标】

- ➢ 能够为短视频选择与编辑音乐。
- ➢ 能够为短视频调色、设计字幕。
- ➢ 能够正确选取剪接点。
- ➢ 能够合理设计转场方式。

【素养目标】

- ➢ 通过短视频弘扬中国品牌，以品牌建设推动高质量发展。
- ➢ 培养节奏把控思维，在短视频制作中正确把握"节奏感"。

　　在短视频制作中，剪辑的本质是将拍摄的大量视频素材经过选择、取舍、分解与组接等操作，最终形成连贯流畅、立意明确、主题鲜明且具有艺术感染力的作品。因此，短视频剪辑并不是简单地合并视频素材，而是会涉及多方面的操作。本章将对短视频后期剪辑基础知识进行详细讲解。

5.1 短视频后期剪辑流程与原则

下面将介绍短视频后期剪辑的基础知识，包括短视频后期剪辑的基本流程，音乐的选择与编辑，短视频调色原则，以及短视频字幕设计原则等。

↘ 5.1.1 短视频后期剪辑的基本流程

短视频后期剪辑的基本流程一般包括熟悉素材、素材分类、粗剪、精剪和包装输出五个步骤。

1. 熟悉素材

摄影师完成前期拍摄工作后，在向剪辑师传送素材文件时应与导演、剪辑师一起讨论沟通，粗略说明关于素材的注意事项，例如，哪些镜头是专门拍摄的，哪些镜头是呈现专业内容的，从而让剪辑师对素材有一个大致的了解。剪辑师应建立素材文件夹，仔细浏览其中的素材，形成对素材的基本认知和了解。

2. 素材分类

素材分类是剪辑中比较重要的一部分，对拍摄的素材进行细致地分类，可以提高剪辑的效率。对于有脚本的素材，剪辑师可以按照脚本的结构、叙事发展等进行分类，将素材和脚本结合起来，厘清剪辑思路。

如果没有脚本，在对素材进行分类时，可以按照一定的逻辑进行分类。例如，可以按照人物、场景、空间进行分类，或者按照清晨、上午、下午、傍晚的时间顺序来分类。

3. 粗剪

粗剪就是按照脚本结构顺序或剪辑思路将分好类的素材导入剪辑工具中，放到时间线上进行剪辑，搭建短视频的内容结构。粗剪工作通常包括去掉多余的重复镜头和废镜头，搭建整个短视频的故事线。如果已经选好了音乐，还可以在粗剪过程中添加音乐。

粗剪可以看做是短视频的第一个剪辑版本，可以反映出短视频的大致逻辑或剧情。粗剪可以帮助剪辑师强化对短视频整体架构及素材的认识，也能为后期精剪提供灵感。

4. 精剪

精剪就是在粗剪的基础上打磨短视频的细节部分，对短视频的节奏、声音、情绪、氛围等进行剪辑和调整，一般包括镜头的增减、精细化的镜头组接、音乐的组接、音效的使用、转场效果的添加等。

素材在精剪的过程中可能需要反复调整，这样才能剪出令人满意的作品。在精剪短视频时，不要直接在粗剪的时间线上操作，而要新建一条时间线进行剪辑。精剪完成后还要调色，这就需要再创建一条时间线进行调色操作。

5. 包装输出

包装输出就是对短视频进行包装，然后输出成片。短视频包装是指把片头、片尾、形象标识、特效等部分合成到一起。在输出时，需要设置视频编码格式和分辨率等，输出前后最好多看几遍成片，如果有问题还需再次修改。

↘ 5.1.2　音乐的选择与编辑

音乐是短视频风格的重要组成部分，对短视频的氛围和节奏产生很大的影响。为了让音乐与短视频画面完美融合，剪辑师要注意以下几个方面。

1. 选择合适的音乐

剪辑师要选择与短视频内容相符合的音乐，重点关注音乐的节奏、情感和风格等方面，也可以根据短视频的主题来选择音乐，以达到更好的视听效果。

2. 调整音乐的音量

音乐的音量要合适，避免音量过大或过小，影响观众的体验。

3. 节奏与画面同步

剪辑师要根据画面选择并调整音乐的节奏，或者根据音乐的节奏剪辑画面，让音乐的节奏与画面保持同步，从而增强视听效果，让观众在观看短视频时更加投入。因此，剪辑师要对短视频的整体节奏有一个大体的把控，清楚短视频的高潮点、转折点的位置，最后根据这个节奏寻找合适的背景音乐。

4. 使用过渡效果

在音乐和画面之间使用淡入淡出、交叉淡入淡出等过渡效果，让音乐和画面更加自然地过渡，以免显得突兀。

5. 画面颜色和音乐情感相符

剪辑师可以根据音乐的情感来调整画面的颜色，以达到更好的视听效果。例如，使用暖色调来表现温馨的情感，使用冷色调来表现悲伤的情感。

↘ 5.1.3　短视频调色原则

调色是短视频剪辑中的一个重要环节，可以用来调整画面的色彩与氛围，以达到特定的目的和效果。在对短视频进行调色时，需要遵循以下原则。

1. 确定画面的主体基调

调色是一个整体的操作过程，不能以单一画面为主，而是把握短视频的主体基调。剪辑师要确定画面的主体基调，当一个画面或连续画面中出现几种不同的色块时，要始终以一种色调作为主体基调，完成主体色调的统一，进而调整其他色调的细节。

2. 适当提高对比度和饱和度

一般原始素材画面的饱和度中性偏低，这就给后期调色留出了余地。后期调整画面的对比度和饱和度，可以降低中间灰度的量值，增加画面的通透性。但对比度不能调得太高，以免丢失暗部细节，或者高光溢出。饱和度太高则容易造成各种色彩的串扰，导致画面失真，影响观众的视觉感受。

3. 利用色彩的主观作用

色彩的主观作用会影响人的情感，不同色彩通过视觉反映到大脑中，不仅能引起远近、冷暖、轻重、亮暗等诸多主观感受，还能令人产生忧郁、轻松、兴奋、紧张、安定、烦躁等不同的情绪。

一般来说，暖色调会使画面表现出厚重、可靠、饱满、沉稳的感受（见图5-1），

93

而冷色调则表现出安静、空荡、遥远、清灵的感受（见图5-2）。剪辑师在调色时，要根据视频的风格采用恰当的冷暖调，甚至通过冷暖调的反差和对比，进一步强化主观的视觉感受，使观众潜移默化地受到视频色调的影响。

图5-1　暖色调

图5-2　冷色调

4. 选择合适的调色风格

视频调色的风格多种多样，剪辑师可以根据不同的主题、内容和情感来选择合适的调色风格。下面是一些常见的视频色调风格。

●青橙色调：这种色调以青、橙两色为主，橙色偏红明度较低，青色偏蓝饱和度较低，能够给人一种鲜明、活泼的感觉，如图5-3所示。

●高级灰色调：这种色调是一种具有较低纯度、柔和而平静的色调风格，通常呈现出棕色、灰色、米色等中间色调。它通常以多层次的色彩搭配为主，注重每一种颜色在空间中的和谐与平衡，能够表现出一种特定的氛围和情调，如图5-4所示。

图5-3　青橙色调

图5-4　高级灰色调

●黑金色调：这种色调保留黑色和金色，并对色彩进行大胆的取舍和精细的控制，可以营造出干净大气、绚丽典雅、高级而又神秘的视觉效果，如图5-5所示。

●银灰色调：这种色调是具有金属光泽的冷色调，画面的对比度和清晰度较高，可以营造出简约、时尚、科技的视觉效果，如图5-6所示。

●森系色调：这种色调是一种清新自然的色调风格，通常以浅色系为主，包括浅绿色、浅蓝色、浅黄色等，能够给人一种文艺、清新、自然的感觉，如图5-7所示。

●赛博朋克色调：这种色调的整体亮度较低，对比度和饱和度较高，颜色以蓝色、紫色、洋红色为主，能够呈现出一种未来感、科技感的视觉效果，如图5-8所示。

图5-5　黑金色调

图5-6　银灰色调

图5-7　森系色调

图5-8　赛博朋克色调

5.1.4　短视频字幕设计原则

制作短视频字幕时，剪辑师在需要添加字幕的画面中输入对应的文本即可完成操作。很多短视频剪辑软件具备自动识别并添加字幕的功能。在设计和添加短视频字幕时，剪辑师要遵循以下原则。

1. 字幕要准确

字幕应准确地反映短视频的内容，包括对白、音效、背景音乐等。字幕的文本应与短视频中的语言一致，不能出现错误或遗漏。

2. 字幕应简洁明了

字幕应避免出现过长或过于复杂的句子，要简洁明了。字幕的文本应易于阅读和理解，不要给观众带来额外的认知负担。

3. 字幕要清晰

字幕的字体和颜色应与短视频的整体风格和氛围相协调，且文字颜色要鲜明、易于辨认。当采用白色或黑色的纯色字幕时，可以添加描边或投影来凸显字幕。

4. 字幕的位置要合适

字幕的位置一般位于画面的底部，并保持居中对齐的方式，这样可以使字幕更易于观看和理解。如果字幕放在画面的其他位置，则要避免遮挡重要的短视频内容或人物。

5. 与短视频内容同步

字幕的显示时间需要合理安排，不能出现太快或太慢的情况，以保持与短视频内容的同步。

5.2 镜头组接方法

镜头是短视频制作最基本的单位，指拍摄时所拍的一段连续的画面，或剪辑时两个剪接点之间的视频片段。镜头组接就是将一个个镜头画面组合连接起来，成为一个整体。下面将介绍镜头组接常用的剪辑方法，剪接点的选取，转场方式及运用，以及短视频剪辑需要注意的问题。

↘ 5.2.1 镜头组接常用的剪辑方法

剪辑的基本操作就是将多个视频画面进行连接，而在连接过程中通常需要合理利用一些剪辑方法，将视频中的不同元素进行组合，以更好地展现短视频的主题，呈现最佳的视觉和情感效果。下面将介绍常用的10种剪辑方法。

1. 动作接续剪辑

动作接续剪辑分为同场景和不同场景两种。同场景的动作接续剪辑是指有两个不同景别或角度的镜头，在同一场景、同一时间下，有同一被摄主体在做动作，把这两个镜头在被摄主体做动作的过程中进行组接，使得被摄主体的动作连贯完整、自然流畅。例如，记录一个人玩滑板的动作流程，通过不同的镜头进行组接，前一个镜头从侧面拍摄人物跃到空中的画面，下一个镜头从正面拍摄人物从空中落到地面上滑行的画面。

不同场景的动作接续剪辑，即视频画面中被摄主体在运动时进行场景切换的剪辑手法。例如，在一场篮球比赛中，球员A把球传给球员B，前一个镜头展示球员A将球传出，后一个镜头展示球员B接到球。

2. 离切剪辑

离切剪辑是指画面先从主镜头切到插入镜头，接着顺应剧情发展再回到主镜头。插入镜头可以是和人物处于同一个空间的镜头，用于辅助剧情发展，也可以是插入角色内心活动的镜头，让观众更容易走进角色的内心，了解角色的思想感情。

3. 交叉剪辑

交叉剪辑是指将不同地点发生的动作进行交错剪辑的方法。这种剪辑方法可以在不同的时间轴上同时展现不同的动作或事件，从而让观众更好地理解故事情节。交叉剪辑可以用来制造悬念，表现主角的内心情感，推进叙事发展，突出主题和复杂的行动等，例如，很多打电话的镜头通常采用交叉剪辑。

需要注意的是，在交叉剪辑中，不同时间轴上的事件并不一定同时发生，只要在叙事上有一定的关联性即可。另外，采用交叉剪辑时要注意事件的顺序和逻辑关系，以及画面之间衔接和过渡的合理性。

4. 跳切剪辑

跳切是一种无技巧的剪辑手法，它打破了常规状态镜头切换时所遵循的时空和动作的连续性要求，以较大幅度的跳跃式镜头组接。跳切剪辑的作用是能够大幅度地缩减时间，省略时空过程，突出某些必要内容，提升画面的节奏感，不让观众产生视觉疲劳。例如，记录一个人往桌上摆放茶具的过程，在剪辑时，只保留人手向桌上放茶盘、茶垫、茶壶、茶杯、茶叶的动作，将其他多余的片段裁剪掉。

5. 匹配剪辑

匹配剪辑是指利用镜头中逻辑、类别、景别、角度、动作、运动方向的匹配进行场景转换的剪辑方法。这里的匹配指的是"相似"，匹配度越高，镜头组接就越流畅。匹配剪辑能够跨越镜头变化所产生的不连续性，不仅能够连贯、流畅地连接不同的时间或场景，还能带动观众产生情绪起伏。例如，很多旅行类短视频为了表现人物去过很多地方，通常会采用匹配剪辑的手法。

6. 跳跃剪辑

跳跃剪辑的基本原理是通过快速、突兀地切换画面，制造出一种时间、空间上的跳跃效果。跳跃剪辑并不要求完整地呈现某一场景或事件，而是通过保留关键元素和信息，让观众自行推断缺失的部分。跳跃剪辑的用法与跳切剪辑几乎一致，区别在于时空跨度，跳切剪辑通常是对某个视频片段或情节而言，时空跨度小，而跳跃剪辑更多的是对整个视频结构而言，时空跨度大。

7. 声音剪辑

声音剪辑是指利用声音将前后镜头组接在一起的剪辑手法，包括J Cut（声音优先）和L Cut（声音滞后）两种方法。

J Cut就是声音先进，画面后进，即画面还在上一个镜头的时候，下一个镜头的同期声已经进入。在剪辑时，视频剪辑和声音剪辑的剪接点组合在一起，形成J的形状，因此称之为"J Cut"。这种方法在日常剪辑中应用较多，常用于不同场地的过渡，便于观众理解和接受视频接下来的内容。例如，在旅行类短视频中，在瀑布画面出现之前，通常会先响起瀑布的水流声，使观众先在脑海中想象瀑布的画面。

L Cut就是画面先进，声音后进，即镜头已经切换完毕，但上一个镜头的声音仍然存在。这种方法便于观众更加深入地理解上一个画面的声音，以及两个画面之间的情绪连接。例如，在剧情类短视频中，上一个镜头中男主角向女主角说着心里话，下一个镜头中女主角的脸上露出幸福的表情，而男主角的声音仍在继续。

8. 淡入淡出

淡出是指上一段落最后一个镜头的画面逐渐隐去，直至黑场；淡入是指下一段落第一个镜头的画面逐渐显现，直至正常的亮度。在剪辑过程中，剪辑师应根据画面情节、情绪、节奏的要求来决定淡入淡出的时机。有些淡出与淡入之间还有一段黑场，给人一种间歇感。

9. 叠化

叠化是指前一个镜头的画面与后一个镜头的画面相叠加，前一个镜头的画面逐渐隐去，后一个镜头的画面逐渐显现的过程。叠化一般用于表现时间的流逝或空间的转换，有时也会用于表现梦境、想象或回忆。

10. 闪白

闪白是指利用素材中闪光的画面或特效素材来过渡到下一个镜头画面，这种方法不仅可以掩盖镜头剪接点，还可以增加视觉跳动感。

↘ 5.2.2 剪接点的选取

剪接点也称剪切点，是影视剪辑专业术语，其含义是把两个不同内容的镜头画面，利用恰到好处的连接点进行连接，构成一个完整的动作或概念，这个连接点就是剪接点。剪接点包含两帧，即上一镜头的出点（最后1帧）和下一镜头的入点（第1帧）。

剪接点主要分为以下几类。

1. 动作剪接点

动作剪接点是在剪辑过程中，用于连接两个镜头的动作，以创造流畅的视觉效果。它关注的是镜头外部动作的连贯性，可以将不同的镜头画面流畅地连接起来。

动作剪接点包含相同被摄主体动作剪接点和不同被摄主体动作剪接点。

（1）相同被摄主体动作剪接点

在相同被摄主体运动中有两个关键点，分别如下。

●动作中切：即在被摄主体运动时切，用分镜头表现处于运动状态的被摄主体，镜头转换的剪接点应选在动作的过程中，是最常用的动作剪辑方式。图5-9所示为把女孩将糕点放入水中的动作作为剪接点。

图5-9　动作剪接点

●在动作刚发生变化的瞬间切：当被摄主体运动不连贯时，如从动到静或从静到动，这时剪接点应选在动作刚发生变化的瞬间。如果被摄主体是从动到静，则剪接点应选在动作刚停止的瞬间；如果被摄主体是从静到动，则剪接点应选在动作刚发生的瞬间。

（2）不同被摄主体动作剪接点

不同被摄主体的动作剪接点同样可以遵循"动作中切""在动作刚发生变化的瞬间切"的剪辑原则。例如，上一个镜头为人物用手拧动旋钮打开唱片机，下一个镜头展示胶片正在旋转的画面，如图5-10所示。

图5-10　不同被摄主体动作剪接点

不同被摄主体的动作剪辑还需注意以下几点。

● 动势要自然衔接，使两个不同被摄主体镜头的运动具有相同的动势。

● 注意动作形态的相似。

● 保持在相同的画面区域。

2. 情绪剪接点

情绪剪接点并不以画面上的外部动作为依据，而是根据内在情绪的连贯性进行连接，主要以人物的心理情绪为基础，根据人物喜、怒、哀、乐等外在表情的表达过程，结合镜头的造型特点选择剪接点，激发情绪的表现和感染。情绪剪接点的选择难度是比较大的，没有太多固定的格式，只能依靠剪辑师对镜头情绪的理解。

3. 节奏剪接点

节奏剪接点是以事件内容发展进程的节奏线为基础，根据内容表达的情绪、氛围以及画面的造型特征，用比较的方式来处理镜头的长度和剪接，其作用是运用镜头的动与静、快与慢、长与短等来创造一种节奏，使观众产生流畅自如、张弛有度的感觉。

4. 声音剪接点

声音剪接点是以声音因素为基础，根据内容要求和声画的有机关系来处理镜头的衔接，也就是指前后镜头声音的连接点。

（1）对白剪接点

对白剪接点以人物的"语言动作"为基础，以对话内容为依据，结合"规定情境"中的人物性格、语速、情绪节奏来选择剪接点。

（2）音乐剪接点

音乐剪接点是以音乐的旋律、节奏、节拍、鼓点等为基础选择的剪接点。

（3）音效剪接点

音效剪接点则需要从剧情出发，根据情绪发展的需要，结合画面造型，人为地加入音效效果。

↘ 5.2.3 转场方式及运用

在短视频中，转场镜头非常重要，它担负着厘清逻辑、划分层次、连接场景、转换时空、承上启下等任务。利用合理的转场手法和技巧，既能满足观众的视觉心理，保证其视觉的连贯性，又能产生明确的段落变化和层次分明的效果。

在短视频后期剪辑中，常用的转场方式主要包括以下7种。

1. 运动转场

运动转场，就是借助人物、动物或其他一些交通工具作为场景或时空转换的手段。这种转场方式大多强调前后段落的内在关联性，可以通过手机运动来完成地点的转换，也可通过前后镜头中人物、交通工具动作的相似性来转换场景。

2. 相似关联物转场

前后镜头具有相同或相似的被摄主体形象，或者其中的被摄主体形状相近、位置重合，在运动方向、速度、色彩等方面具有相似性，剪辑师可以采用这种转场方式来达到视觉连续、转场顺畅的目的。例如，钥匙链上的小灯笼挂件与家门前挂起的红灯笼之间的转场，天空中飞翔的鸟儿和街道上举着双臂奔跑的儿童等。

3. 利用特写转场

无论前一个镜头是什么，后一个镜头都可以是特写镜头。特写镜头具有强调画面细节的特点，可以暂时集中观众的注意力，能在一定程度上弱化时空或段落转换过程中观众的视觉跳动感。

4. 空镜头转场

空镜头转场就是利用景物镜头来进行过渡，实现间隔转场。景物镜头主要包括以下两类。

一类是以景为主、以物为陪衬，如群山、山村全景、田野、天空等镜头，用这类镜头转场既能展示不同的地理环境、景物风貌，又能表现时间和季节的变化。景物镜头可以弥补叙述性短视频在情绪表达上的不足，为情绪表达提供空间，同时又能使高潮情绪得以缓和或平息，从而转入下一段落。

另一类是以物为主、以景为陪衬，如在镜头中飞驰而过的火车、街道上的汽车，以及室内陈设、建筑雕塑等各种静物镜头。

5. 主观镜头转场

主观镜头是指与画面中人物视觉方向相同的镜头。利用主观镜头转场，就是按前后镜头间的逻辑关系来处理镜头转换问题。例如，前一个镜头中人物抬头凝望，后一个镜头就是仰拍人物抬头看到的场景。

6. 遮挡镜头转场

遮挡镜头是指镜头被画面内的某个形象暂时挡住。根据遮挡方式的不同，遮挡镜头转场又可分为以下两类情形。

一类是被摄主体迎面而来遮挡镜头，形成暂时的黑色画面。例如，前一个镜头中甲地点的被摄主体迎面而来，遮挡手机镜头；下一个镜头被摄主体背朝手机镜头而去，已到达乙地点。被摄主体遮挡手机镜头通常能够在视觉上给观众以较强的视觉冲击，同时制造视觉悬念，加快短视频的叙事节奏。

另一类是画面内的前景暂时挡住画面内的其他形象，成为覆盖画面的唯一形象。例如，利用墙壁遮挡实现两个场景的转场，如图5-11所示。

图5-11 利用墙壁遮挡实现两个场景的转场

7. 两极镜头转场

两极镜头转场，是指前一个镜头的景别与后一个镜头的景别恰恰是两个极端。例如，前一个镜头是远景或全景，后一个镜头是特写。这种剪辑手法可以强调对比效果，在视觉上给观众以大开大合的感觉，以激发观众的观赏兴趣。

两极镜头转场一般在较大段落的转换时使用，能够造成明显的段落感，但要注意避免影响叙事的流畅性。例如，全景镜头后的特写镜头往往是在交代一些细节信息，这些细节信息并不承担叙事功能，只是一种过渡，让观众在情绪上稍作休息。

↘ 5.2.4　短视频剪辑需要注意的问题

在学习短视频后期剪辑的基本流程和镜头组接常用的剪辑方法后，为了更好地剪辑优质短视频，剪辑师在剪辑短视频时还要注意以下几个问题。

1. 符合生活和心理逻辑

短视频剪辑要符合生活逻辑。在剪辑短视频时，剪辑师要根据事件发展的时间顺序、空间关系和事物之间的相关性去组接镜头，让观众能够了解画面内容，了解事件发生时的环境与进程，进而引起观众感情上的共鸣。

短视频剪辑还要符合观众的心理逻辑。观众在观看短视频时会有一定的心理预期，剪辑师要迎合观众的这一心理需求，如展现人物的表情变化，或者关注事物的细节等，使观众能够更好地沉浸在短视频的画面或情节中。

2. 镜头方向要符合轴线规律

这里所说的轴线指的是被摄主体的视线方向、运动方向，以及不同被摄主体之间的关系所形成的一条假想的直线或曲线。镜头运动要在同一方向或同一边，特别是剪辑动作镜头时，人物所处的画面一定要保持在同一方向，不能出现"跳轴"。例如，两个人对话镜头的剪辑组合，处于画面左边的人，在后一个镜头中还应出现在左边；同样，画面右边的人，在后一个镜头中也应出现在右边。

3. 遵循"动接动，静接静"原则

"动接动，静接静"原则是指若前一个镜头无落幅，后一个镜头则无须起幅；若前一个镜头有落幅，则后一个镜头必须有起幅。同一被摄主体的动作是连贯的，可以动作接动作，也就是所谓的"动接动"；如果两个画面不连贯，或者中间有停顿，则在前一被摄主体动作完成后接静止的镜头，即"静接静"。

如果是运动镜头接固定镜头，或者固定镜头接运动镜头，则需要用缓冲因素来进行过渡。缓冲因素是指镜头中被摄主体的动静变化和运动的方向变化，或者活动镜头的起幅、落幅或动静变化等。利用缓冲因素选取剪接点，可以使该镜头与前后镜头保持"动接动"。

4. 景别的过渡要自然、合理

剪辑师要正确把握景别间的转换，了解不同景别在不同情境下的意义和作用，合理运用远景、全景、中景、近景和特写镜头的表意功能，景别的过渡要自然、合理。例如，全景向近景、特写过渡，用来表现紧张、激烈的情绪；近景向全景、远景过渡，表现压抑的情绪等。

在组接同一被摄主体的镜头时，要避免同景别、同视角的镜头直接组接，否则视频画面无明显变化，就会出现"跳帧"效果。图5-12所示为人物提着糕点行走的镜头，分别采用全景、中景和近景的景别进行组接。

图5-12　景别过渡要自然、合理

5. 控制镜头组接的时间长度

剪辑师要根据表达内容的难易程度、观众的接受能力来决定每个镜头的停滞时间，其次还要考虑构图等因素。

远景、中景等大景别的镜头包含的内容较多，观众要看清这些镜头中的内容，需要的时间相对较长；而对于近景、特写等小景别的镜头，其所包含的内容较少，观众在短时间内就能看清这些镜头中的内容，所以镜头停留的时间可以相对较短。

6. 影调色彩统一

同一个场景中，相邻镜头的光线和色调不能相差太大，否则画面的突然变化会给观众带来较差的视觉体验。如果把明暗或色彩对比强烈的两个镜头组接在一起（除了特殊需要外），就会使人感到生硬和不连贯，以致影响内容的通畅表达。

此外，各镜头的画面亮度和色彩影调应协调统一，画面的情节内容、清晰度等也要保持一致，否则可能会出现画面接不上的情况。

课后练习

1. 简述短视频后期剪辑的基本流程。
2. 简述短视频镜头组接常用的剪辑方法。
3. 简述在短视频剪辑中常用的转场方式。

第 6 章　手机短视频后期剪辑工具

【知识目标】
➢ 掌握使用剪映剪辑短视频的方法。
➢ 掌握使用快影剪辑趣味短视频的方法。
➢ 掌握使用秒剪的模板剪辑短视频的方法。

【能力目标】
➢ 能够使用剪映对短视频进行修剪、添加特效和调色。
➢ 能够使用快影剪辑音乐MV、文案成片和文字视频。
➢ 能够使用秒剪模板快速剪辑手机短视频。

【素养目标】
➢ 坚持文化自信，讲好中国故事，在短视频创作中培养家国情怀。
➢ 在短视频创作中弘扬工匠精神，一丝不苟，精益求精。

随着短视频的日益火爆，手机短视频后期剪辑工具也是层出不穷，它们可以帮助短视频创作者快速制作出高质量、高水平的短视频作品。本章将对手机短视频后期剪辑工具进行深入介绍，主要包括剪映、快影和秒剪，以及其他常用的短视频剪辑工具。

6.1 剪映

剪映是由抖音官方推出的一款短视频后期剪辑工具，其可用于手机短视频的剪辑和发布。它带有全面的剪辑功能，支持变速，多样滤镜效果，以及丰富的曲库资源。此外，剪映还具有视频剪同款、图文成片、识别字幕/歌词、云剪辑、一键美化等特色功能。下面将详细介绍如何使用剪映对短视频进行基本的剪辑操作。

6.1.1 认识剪映工作界面

下面将介绍剪映的三大功能模块，熟悉剪映的工作界面。

1. 剪映的三大功能模块

在手机上启动剪映App，进入其工作界面，其中主要包括"剪辑"✂、"剪同款"▣和"创作课堂"✿三大功能模块，如图6-1所示。

图6-1 剪映的三大功能模块

● "剪辑"功能模块包括5个部分，从上到下依次为"帮助中心"按钮❓和"设置"按钮⚙，"一键成片""图文成片""拍摄""AI作图""创作脚本""录屏""提词器"等拍摄创作辅助工具，"开始创作"剪辑工作界面入口，"试试看！"部分展示剪映最新的亮点功能，以及"本地草稿"管理工具。

● "剪同款"功能模块包括各种主题的视频模板，用户可以选择自己喜欢的模板，只需导入图片或视频，即可快速生成风格化的短视频。

● "创作课堂"功能模块提供了各式各样短视频创作的技巧课程，方便用户更好地学习短视频拍摄与剪辑相关知识。

2. 剪映的视频剪辑界面

在剪映中添加素材后，即可进入视频剪辑界面。视频剪辑界面主要由四部分组成，分别是顶部工具栏、预览区域、时间轴区域和底部工具栏，如图6-2所示。

（1）顶部工具栏

顶部工具栏用于剪辑项目的退出和导出。

（2）预览区域

预览区域用于实时预览视频画面，在时间轴区域拖动时间指针，预览区域会显示时间指针所在帧的画面。

（3）时间轴区域

时间轴区域用于完成素材剪辑的大部分操作。用单根手指左右拖动时间标尺，可以移动时间线，并将时间指针定位在想要编辑的位置；用两根手指向外拉伸或向内收缩，可以放大或缩小时间刻度。

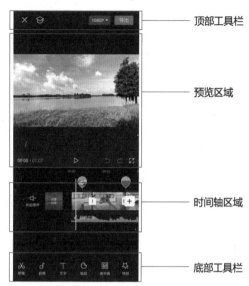

顶部工具栏

预览区域

时间轴区域

底部工具栏

图6-2　视频剪辑界面

时间线下方为剪辑轨道，用于视频、音频、文本、贴纸及特效等素材的编辑。默认情况下只显示主视频轨道和主音频轨道，其他轨道（如画中画、文本轨道、特效轨道、滤镜轨道等）呈折叠显示，或者以气泡或彩色线条的形式出现在主轨道上方，如图6-3所示。

若要对其他轨道上的素材进行选择或编辑，可以点击素材缩览气泡，或者在底部工具栏中点击相应的工具按钮来展开轨道。例如，点击"特效"按钮 ，展开特效轨道并显示相应的特效片段，如图6-4所示；点击"滤镜"按钮 ，展开滤镜轨道并显示相应的滤镜片段，选中其中的滤镜片段，在下方工具栏中会显示相关操作工具，如图6-5所示。

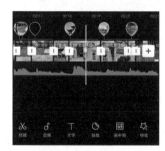

图6-3　折叠显示轨道

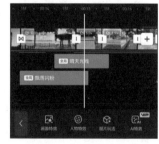

图6-4　展开特效轨道

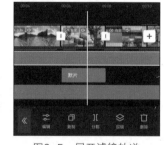

图6-5　展开滤镜轨道

（4）底部工具栏

底部工具栏默认显示一级工具栏，包括"剪辑"按钮 、"音频"按钮 、"文字"按钮 、"贴纸"按钮 、"画中画"按钮 、"特效"按钮 、"模板"按钮 、"滤镜"按钮 、"比例"按钮 、"背景"按钮 、"调节"按钮 等。

点击一级工具栏中的按钮（如点击"音频"按钮），即可进入该功能的二级工具栏，对素材进行相应的编辑操作。二级工具栏为深灰色背景，最左侧有一个"返回"按钮，点击它即可返回上一级工具栏。

↘ 6.1.2 修剪视频素材

在剪映中剪辑视频时，先将视频素材按顺序导入剪辑界面，并对其进行修剪，删除不需要的画面，具体操作方法如下。

视频

修剪视频素材

步骤 01 在剪映工作界面中点击"开始创作"按钮⊞，进入"添加素材"界面，在上方选择"照片视频"选项，然后点击视频素材右上方的选择按钮依次选中要添加的 3 个视频素材，在界面下方选中"高清"选项设置高清画质，如图 6-6 所示。

步骤 02 在界面下方长按视频素材缩览图并左右拖动，调整视频素材的先后顺序，然后点击"添加"按钮，如图 6-7 所示。

步骤 03 进入视频剪辑界面，拖动时间线，将时间指针定位到要分割"视频 1"素材的位置，在主轨道上点击"视频 1"素材将其选中，然后点击"分割"按钮⊫分割"视频 1"素材。选中左侧不需要的视频素材，点击"删除"按钮🗑将其删除，如图 6-8 所示。

图6-6　选择视频素材　　　图6-7　调整视频素材顺序　　图6-8　分割并删除视频素材

步骤 04 将时间指针定位到画面中伸出的手往回收的位置，点击"分割"按钮⊫继续分割"视频 1"素材，如图 6-9 所示。

步骤 05 将时间指针定位到拿扇子的手往回收的位置，点击"分割"按钮⊫分割视频素材，然后删除左侧的视频素材，如图 6-10 所示。

步骤 06 对右侧视频素材的右端进行精剪，在修剪时先放大时间线，然后将时间指针定位到要修剪的位置，拖动视频素材右端的修剪滑块至时间指针位置，如图 6-11 所示。

图6-9　分割视频素材　　图6-10　分割与删除视频素材　图6-11　修剪视频素材右端

步骤 07 采用同样的方法对"视频2"和"视频3"素材进行修剪，然后将时间指针定位到要添加新视频素材的位置，在此将其定位到"视频3"素材的右端，点击主轨道右侧的"添加素材"按钮 +，如图6-12所示。

步骤 08 打开"添加素材"界面，依次选中要导入的视频素材，对于时长较长的视频素材，点击其缩览图，如图6-13所示。

步骤 09 在打开的界面中预览视频素材，然后点击下方的"裁剪"按钮，如图6-14所示。

图6-12　点击"添加素材"按钮　图6-13　点击视频素材缩览图　图6-14　点击"裁剪"按钮

步骤⑩ 进入"裁剪"界面，在下方拖动左右两侧的滑块裁剪视频素材的左端和右端，裁剪完成后点击✅按钮，如图6-15所示。

步骤⑪ 裁剪后的视频素材缩览图的左下方会出现裁剪图标▣，点击"添加"按钮，如图6-16所示。采用同样的方法，继续添加其他视频素材。

步骤⑫ 在主轨道上长按该视频素材并左右拖动，调整视频素材的顺序，如图6-17所示。

图6-15　裁剪视频素材　　　图6-16　点击"添加"按钮　　　图6-17　调整视频素材的顺序

↘ 6.1.3　添加背景音乐

在剪映中为短视频添加背景音乐有多种方法，如添加音乐库推荐音乐、搜索音乐、选择抖音收藏音乐、导入音乐、提取音乐等，具体操作方法如下。

视频

添加背景音乐

步骤① 在主轨道最左侧点击"关闭原声"按钮🔊，即可将主轨道中所有视频素材的音量设置为0，然后点击"音频"按钮♪，如图6-18所示。

步骤② 在打开的界面中点击"音乐"按钮♪，如图6-19所示

步骤③ 进入"音乐"界面，可以利用多种方法添加背景音乐，如添加音乐库推荐音乐、搜索音乐、选择抖音收藏音乐、导入音乐、提取音乐等，如图6-20所示。

步骤④ 若在剪映的音乐库中没有找到自己想要的音乐，可以打开抖音App，搜索音乐名称，在搜索结果中选择"音乐"选项卡，选择想要使用的音乐，如图6-21所示。

步骤⑤ 在打开的界面中点击"听完整版"按钮，在打开的界面中点击"收藏"按钮，即可收藏该音乐，如图6-22所示。

步骤⑥ 返回剪映"音乐"界面，选择"抖音收藏"选项卡，即可看到收藏的音乐，点击"使用"按钮，如图6-23所示。

图6-18　点击"音频"按钮

图6-19　点击"音乐"按钮

图6-20　"音乐"界面

图6-21　在抖音App搜索音乐

图6-22　点击"收藏"按钮

图6-23　点击"使用"按钮

步骤 **07** 拖动时间线，将时间指针定位到第46秒的位置。选中背景音乐，点击"分割"按钮进分割音乐，选中左侧的背景音乐片段，点击"删除"按钮将其删除，如图6-24所示。

步骤 **08** 将剩余的背景音乐移至轨道最左侧，点击"节拍"按钮，如图6-25所示。

步骤 **09** 在弹出的界面中打开"自动踩点"开关，拖动滑块选择踩点快慢节奏，然后点击按钮，如图6-26所示。

图6-24　分割与删除背景音乐片段　图6-25　点击"节拍"按钮　图6-26　设置自动踩点

↘ 6.1.4　调整播放速度

下面对各视频素材的播放速度进行调整，让视频播放更具节奏感。在对视频素材调速时，包括常规变速和曲线变速两种，具体操作方法如下。

视频

调整播放速度

步骤 01 选中第 1 个视频素材，点击"变速"按钮，在弹出的界面中点击"曲线变速"按钮，如图 6-27 所示。

步骤 02 在弹出的界面中选择"自定"选项，然后点击"点击编辑"按钮，如图 6-28 所示。

步骤 03 打开曲线变速自定界面，删除多余的点，根据需要调整各控制点的速度和位置，点击"播放"按钮，预览视频变速效果，然后点击按钮，如图 6-29 所示。

步骤 04 采用同样的方法，对"视频1"素材的第 2 个片段进行曲线变速调整，然后点击按钮，如图 6-30 所示。

步骤 05 选中"视频2"素材，点击"常规变速"按钮，在弹出的界面中拖动滑块调整该视频素材播放速度，然后点击按钮，如图 6-31 所示。

步骤 06 采用同样的方法对其他视频素材进行调速，然后在视频末尾对背景音乐进行修剪，使其与视频末尾对齐，如图 6-32 所示。

图6-27　点击"曲线变速"按钮

图6-28　点击"点击编辑"按钮　图6-29　预览视频变速效果　图6-30　调整曲线变速

图6-31　调整常规变速　图6-32　修剪背景音乐

↘ 6.1.5　制作动画效果

在剪映中可以利用"关键帧"功能为视频片段制作动画效果，让视频画面放大、缩小或旋转，具体操作方法如下。

步骤 01 将时间指针定位到"视频 3"素材的左端，选中"视频 3"素材，在时间线上方点击"添加关键帧"按钮 ，添加第 1 个关键帧，在界

视频

制作动画效果

面下方的工具栏中点击"基础属性"按钮 ⚙，如图 6-33 所示。

步骤 02 在弹出的界面中点击"缩放"按钮，拖动标尺调整"缩放"参数为 150%，如图 6-34 所示。

图6-33　点击"基础属性"按钮　　图6-34　调整"缩放"参数

步骤 03 点击"旋转"按钮，调整"旋转"参数为 -13°，然后点击 ✓ 按钮，如图 6-35 所示。

步骤 04 将时间指针向右移动 10 帧，点击"添加关键帧"按钮 ◆，添加第 2 个关键帧，使第 1 个和第 2 个关键帧之间保持相同的属性，如图 6-36 所示。

步骤 05 将时间指针定位到"视频 3"素材的右端，点击"基础属性"按钮 ⚙，在弹出的界面中点击"旋转"按钮，调整"旋转"参数为 10°，然后点击 ✓ 按钮，如图 6-37 所示。此时，即可在第 2 个关键帧和第 3 个关键帧之间制作画面旋转动画。

图6-35　调整"旋转"参数　　图6-36　添加关键帧

步骤 06 采用同样的方法，利用关键帧为其他视频素材制作动画效果。例如，为"视频 4"素材制作旋转缩放动画，如图 6-38 所示。

图6-37 调整"旋转"参数 图6-38 制作旋转缩放动画

↘ 6.1.6 添加转场效果

剪映为用户提供了丰富的转场效果,包括"叠化""运镜""模糊""幻灯片""光效""拍摄""扭曲""故障""分割""自然"等类别,可以让画面切换更流畅,此外还可以使用"动画"功能来设置转场效果,具体操作方法如下。

视频

添加转场效果

步骤 01 点击"视频1"和"视频2"素材之间的"转场"按钮 ⊡,在弹出的界面中选择"模糊"分类,选择"放射"转场,拖动滑块调整转场时长为0.9s,然后点击 ✓ 按钮,如图6-39所示。在选择转场效果时,可以尝试对比不同的转场效果,选择最合适的转场效果,并根据视频节奏调整转场的时长。

步骤 02 选中"视频2"素材,点击"动画"按钮 ▣,在弹出的界面中点击"入场动画"按钮,选择"动感缩小"动画,拖动滑块调整时长为0.6s,让转场效果更强烈,然后点击 ✓ 按钮,如图6-40所示。

步骤 03 在"视频6"和"视频7"素材之间添加"运镜"分类下的"拉远"转场效果,调整转场时长为0.6s,然后点击 ✓ 按钮,如图6-41所示。

步骤 04 选中"视频7"素材,点击"动画"按钮 ▣,在弹出的界面中选择"动感缩小"入场动画,拖动滑块调整时长为0.5s,然后点击 ✓ 按钮,如图6-42所示。

步骤 05 在"视频23"和"视频24"素材之间添加"扭曲"分类下的"拉伸Ⅱ"转场效果,调整转场时长为1.0s,然后点击 ✓ 按钮,如图6-43所示。

步骤 06 选中"视频24"素材,点击"动画"按钮 ▣,在弹出的界面中选择"动感放大"入场动画,拖动滑块调整时长为2.0s,然后点击 ✓ 按钮,如图6-44所示。

图6-39　添加"放射"转场

图6-40　添加"动感缩小"动画

图6-41　添加"拉远"转场

图6-42　添加"动感缩小"
动画

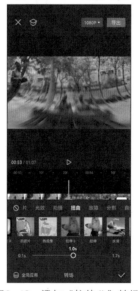
图6-43　添加"拉伸Ⅱ"转场

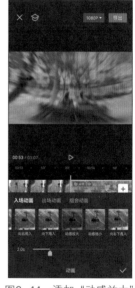
图6-44　添加"动感放大"
入场动画

6.1.7　短视频调色

使用剪映的"滤镜"功能可以一键为短视频调色，制作特殊的色彩效果；使用"调节"功能则可以对视频画面进行更加细致的调色，具体操作方法如下。

步骤 01 将时间指针定位到要调色的视频素材，在一级工具栏中点击"滤镜"按钮◎，如图 6-45 所示。

视频

短视频调色

步 骤 02 在弹出的界面中点击"风景"分类，选择"绿妍"滤镜，拖动滑块调整滤镜强度，如图6-46所示。

步 骤 03 点击"调节"按钮，进入"调节"界面，点击"对比度"按钮◐，调整对比度为13，如图6-47所示。

图6-45 点击"滤镜"按钮

图6-46 应用"绿研"滤镜

图6-47 调整对比度

步 骤 04 点击"光感"按钮☀，调整光感为－10，如图6-48所示。

步 骤 05 点击"锐化"按钮△，调整锐化为30，如图6-49所示。

步 骤 06 点击"HSL"按钮HSL，弹出"HSL"界面，点击"绿色"按钮◯，将绿色的饱和度提高为10，如图6-50所示。

图6-48 调整光感

图6-49 调整锐化

图6-50 调整绿色的饱和度

步骤 07 点击"红色"按钮◎，将红色的饱和度降低为 −20，如图 6−51 所示。

步骤 08 点击"青色"按钮◎，将青色的饱和度提高为 8，然后点击◎按钮退出 HSL 界面，如图 6−52 所示。

步骤 09 点击"色温"按钮◎，调整色温为 −3，在画面中增加冷色，然后点击✓按钮，如图 6−53 所示。

图6−51 调整红色的饱和度　　图6−52 调整青色的饱和度　　图6−53 调整色温

6.2 快影

快影是快手旗下一款简单易用的短视频后期剪辑工具。快影具有强大的视频剪辑功能，丰富的音乐库、音效库和新式封面，让用户在手机上就能轻松完成视频剪辑和视频创意，制作出令人惊艳的趣味视频。

↘ 6.2.1 认识快影工作界面

打开快影App，界面下方菜单栏中包括5个标签，在"剪同款"界面可以使用各种炫酷的模板制作短视频，还可以使用"一键出片""音乐MV""AI玩法"等功能制作短视频，如图6−54所示；在"创作中心"界面可以学习许多实用的教程，如图6−55所示；在"我的"界面可以查看自己喜欢的模板和教程；在"消息"界面可以查看官方推送消息、粉丝关注、点赞等；"剪辑"界面主要包括相关功能按钮和历史剪辑草稿，如图6−56所示。

在"剪辑"界面中点击"开始剪辑"按钮，导入素材后即可进入视频剪辑界面，与剪映的工作界面相似，同样由顶部工具栏、预览区域、时间轴区域和底部工具栏四个部分组成，不同的是在时间轴区域显示出了不同类型的轨道，如图6−57所示。

图6-54　"剪同款"界面

图6-55　"创作中心"界面

图6-56　"剪辑"界面

　　快影与剪映的功能基本相同，都具有修剪视频、添加音频、变速、抠像、蒙版、动画、转场、特效、字幕、滤镜、调节等功能，只是在个别功能设置上略有差异。例如，在修剪背景音乐时，快影可以通过设置"音乐起始点"来选择音乐的开始位置，如图6-58所示。在设置音乐卡点时，可以使用"片段对齐卡点"功能使主轨道中的素材自动匹配音乐节奏，如图6-59所示。

图6-57　视频剪辑界面

图6-58　设置音乐起始点

图6-59　设置片段对齐卡点

↘ 6.2.2 制作音乐MV

使用快影的"音乐MV"功能可以将用户拍摄的视频素材快速制作成音乐MV，具体操作方法如下。

视频

制作音乐MV

步骤 ① 在快影 App 界面下方点击"剪同款"按钮▶，进入"剪同款"界面，在界面上方点击"音乐 MV"按钮♬，如图 6-60 所示。

步骤 ② 在打开的界面中选择音乐 MV 模板，然后点击"导入素材 生成 MV"按钮，如图 6-61 所示。

步骤 ③ 在打开的界面中依次选中要添加的视频素材，在界面下方拖动素材缩览图调整素材顺序，然后点击"完成"按钮，如图 6-62 所示。

步骤 ④ 点击"音乐"按钮，点击"音乐库"按钮♬，如图 6-63 所示。

步骤 ⑤ 打开"音乐库"界面，搜索或选择要使用的音乐，拖动音乐时间线设置音乐的起始点，然后点击"使用"按钮，如图 6-64 所示。

图6-60 点击"音乐MV"按钮

图6-61 选择模板

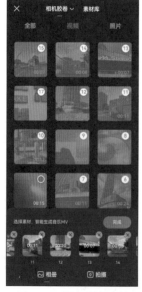

图6-62 添加视频素材

图6-63 点击"音乐库"按钮

图6-64 设置音乐起始点

步骤 06 点击"时长"按钮，拖动右侧的修剪滑块调整音乐时长，视频素材的长度将自动适应音乐时长，如图 6-65 所示。

步骤 07 点击"画面"按钮，选中视频素材缩览图，然后点击"点击编辑"按钮■裁剪视频素材或替换视频素材，如图 6-66 所示。

步骤 08 点击"歌词"按钮，选择所需的字体格式，然后点击界面右上方的"做好了"按钮，导出音乐 MV，如图 6-67 所示。

图6-65　调整音乐时长　　图6-66　点击"点击编辑"　　图6-67　选择字体格式
按钮　　　　　　　并导出音乐MV

6.2.3　文案成片

使用"文案成片"功能将输入的文案一键转换成短视频，制作成以文案为主的短视频，具体操作方法如下。

视频

文案成片

步骤 01 在快影"剪辑"界面功能栏中点击"文案成片"按钮，如图 6-68 所示。

步骤 02 在打开的界面中输入文案内容，然后点击"生成视频"按钮，如图 6-69 所示。

步骤 03 此时即可自动组合"画面""音乐""配音"和"文字"等素材生成短视频，在"风格"界面中可以选择不同的风格调整画面，在此使用默认的"推荐"风格，如图 6-70 所示。若不满意此短视频，用户也可点击界面左上方的"返回"按钮，然后重新生成短视频，换一组新的画面。

步骤 04 点击"画面"按钮，选择要更换的画面，然后点击"点击替换"按钮■，如图 6-71 所示。

步骤 05 在打开的界面中选择要替换的视频素材，拖动时间线修剪视频素材，然后点击"确定"按钮，如图 6-72 所示。

步骤 06 点击"配音"按钮，根据需要更换配音主播，点击"做好了"按钮，即可导出短视频，如图 6-73 所示。若要对短视频进行更专业的剪辑操作，可以点击"进入剪辑"按钮进入视频剪辑界面进行操作。

图6-68　点击"文案成片"按钮　图6-69　点击"生成视频"按钮　图6-70　选择风格

图6-71　点击"点击替换"按钮　图6-72　修剪视频素材　图6-73　选择配音

↘ 6.2.4　使用快影百宝箱

快影的"百宝箱"中提供了视频剪辑小工具，目前已推出"一键修复""超清画质""视频插帧""文字视频"四个功能。使用"文字视频"功能可以轻松地将录音或视频中的声音创建为动态的文字视频，具体操作方法如下。

视频

使用快影百宝箱

步骤01 在快影"剪辑"界面功能栏中点击"百宝箱"按钮，进入"快影百宝箱"界面，点击"文字视频"按钮，如图6-74所示。

步骤02 在打开的界面中点击"实时录音"按钮，如图6-75所示。

步骤03 在打开的界面中点击按钮，对着手机话筒进行录音。录音完毕后，点击"完成"按钮，开始上传并识别录音，如图6-76所示。

图6-74　点击"文字视频"按钮　　图6-75　点击"实时录音"按钮　　图6-76　点击"完成"按钮

步骤 **04** 上传并识别完成后，即可自动生成文字动画，预览文字动画效果，如图 6-77 所示。

步骤 **05** 在界面下方点击文字，进入文字编辑界面，根据需要修改文字，然后点击"保存"按钮，如图 6-78 所示。

步骤 **06** 在工具栏中点击"样式"按钮🎨，设置字体、文本颜色及背景颜色，如图 6-79 所示。制作完成后，点击右上方的"做好了"按钮导出短视频。

图6-77　预览文字动画效果　　　　图6-78　修改文字　　　　　图6-79　设置样式

6.3 秒剪

秒剪是微信出品的一款简易智能的短视频后期剪辑工具，导入图片和视频，即可自动完成剪辑包装，一键成片。秒剪提供了一键拼接功能、专业的曲库、智能配乐功能，以及专为朋友圈设计的视频风格，可以让用户将制作的短视频快速分享到微信朋友圈。

6.3.1 认识秒剪工作界面

打开秒剪App，进入"创作"界面，其中提供了一些快捷剪辑功能，包括"快闪卡点""超快闪卡点""电影感短片""视频拼图""分段配文"等，可以让用户在剪辑短视频的过程中事半功倍，如图6-80所示。

点击"视频剪辑"按钮，进入素材界面，选中要添加的视频素材，然后长按视频素材缩览图并调整排序，点击"下一步"按钮，如图6-81所示。进入视频剪辑界面，其中包括六个功能模块，分别为"模板""音乐""滤镜""开场·特效""文字·贴图"和"剪辑"，如图6-82所示。

| 图6-80 秒剪"创作"界面 | 图6-81 添加视频素材 | 图6-82 视频剪辑界面 |

点击"模板"按钮，打开"模板"界面（见图6-83），可以选择模板快速应用视频效果。

点击"音乐"按钮，打开"音乐"界面（见图6-84），可以进行添加与剪辑背景音乐、调整音量、关闭视频原声、显示歌词、录音等操作。

点击"剪辑"按钮，打开"剪辑"界面（见图6-85），可以对视频素材进行自动截取、分割、变速、调整画面、排序、替换、复制、删除等操作。打开"自动卡点"功能，还可以根据音乐节奏自动截取素材的时长。

图6-83　"模板"界面　　　　图6-84　"音乐"界面　　　　图6-85　"剪辑"界面

　　点击"滤镜"按钮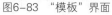，打开"滤镜"界面（见图6-86），可以为整个短视频或视频素材添加不同风格的滤镜，也可以对视频画面进行曝光、对比度、饱和度等细节调整。

　　点击"开场·特效"按钮，在打开的界面中可以为视频添加开场、画框、转场、特效和落幕等效果，如图6-87所示。

　　点击"文字·贴图"按钮，在打开的界面中拖动时间指针，将时间指针定位到要添加文字或贴图的位置，为视频画面添加基础文字、模板文字和贴图，还可以进行分段配文和识别字幕，如图6-88所示。

图6-86　"滤镜"界面　　　　图6-87　"开场·特效"界面　　图6-88　"文字·贴图"界面

↘ 6.3.2　使用模板剪辑短视频

下面将介绍如何使用秒剪中的模板剪辑短视频，具体操作方法如下。

步骤 01 将要剪辑的视频素材导入秒剪，在视频剪辑界面中点击"模板"按钮，在打开的界面中选择所需的模板，然后点击✓按钮，如图6-89所示。

步骤 02 在画面中选中贴图，并调整其大小和位置，如图6-90所示。

步骤 03 点击"剪辑"按钮，打开"剪辑"界面，选中第6个视频素材，然后点击"时长截取"按钮，如图6-91所示。

图6-89　选择模板

图6-90　调整贴图位置

图6-91　点击"时长截取"按钮

步骤 04 在弹出的界面中长按选中的视频素材并左右拖动，调整其位置。在视频素材中截取新片段，点击✓按钮，如图6-92所示。采用同样的方法，调整其他视频素材。

步骤 05 关闭"自动卡点"功能，在弹出的界面中选择"保留现状"选项，如图6-93所示。

步骤 06 选中最后一个视频素材，点击"时长截取"按钮，拖动修剪滑块截取新的视频素材，然后点击✓按钮，如图6-94所示。

步骤 07 点击"变速"按钮，在弹出的界面中拖动滑块调整速度为1.25x，然后点击✓按钮，如图6-95所示。

步骤 08 点击"音乐"按钮，打开"音乐"界面，点击"裁剪音乐"按钮，如图6-96所示。

步骤 09 在打开的界面中打开"淡出"功能，点击✓按钮，如图6-97所示。点击界面右上方的"保存"按钮，导出短视频。

图6-92 截取新的视频片段　图6-93 选择"保留现状"选项　图6-94 截取新的视频片段

图6-95 设置视频变速　　　图6-96 点击"裁剪音乐"按钮　　图6-97 设置音乐淡出

6.4 其他常用的短视频剪辑工具

除了剪映、快影和秒剪，还有一些其他常用的短视频剪辑工具，用户可以根据自身需求选择使用，下面对其进行简单介绍。

↘ 6.4.1　必剪

　　必剪是哔哩哔哩发布的一款视频剪辑工具，该产品定位是一款"年轻人都在用的剪辑工具"，图6-98所示为必剪App的"创作"界面。

　　利用必剪能够创建属于视频剪辑者的专属虚拟形象，还可实现高清录屏、游戏高光识别、神配图、封面智能抠图、视频模板、封面模板、批量粗剪、录音提词、文本朗读、语音转字幕、画中画、蒙版、图片智能跟踪等功能，图6-99所示为其视频剪辑界面。

　　在视频剪辑界面上方点击"快剪"按钮▣，进入"快剪"模式，可以进行视频快剪和口播快剪，如图6-100所示。

图6-98　"创作"界面

图6-99　视频剪辑界面

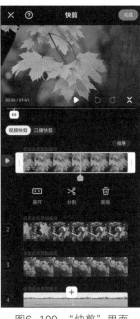
图6-100　"快剪"界面

　　必剪还提供了超燃音乐、素材及专业画面特效，能够给视频剪辑"加点料"。必剪的"一键投稿"功能支持投稿免流量、B站（哔哩哔哩的简称）账号互通，能够让视频剪辑者投稿快人一步。

↘ 6.4.2　快剪辑

　　快剪辑是360公司推出的一款视频剪辑工具，具有丰富的视频剪辑功能，如拆分、拼接、转场、变速、倒放、定格、变焦、高帧率剪辑等功能，还拥有滤镜、画质、光效、特效、混合模式、动效、AI快字幕、画中画、关键帧动画、超级色度键等强大的剪辑功能。图6-101所示为快剪辑的"创作"界面，图6-102所示为快剪辑的视频剪辑界面。

　　此外，快剪辑还提供了智能字幕、AI擦除、AI去水印、音乐提取、快速录屏、分屏、多段拼接、变速、马赛克、中英字幕、动画、拍摄等快捷小工具，图6-103所示为其分屏设置界面。

图6-101 "创作"界面

图6-102 视频剪辑界面

图6-103 分屏设置界面

↘ 6.4.3 小影

小影是一款面向大众的短视频剪辑工具，它集视频剪辑、教程玩法、拍摄于一体，具有逐帧剪辑、特效引擎、语音提取、4K高清、智能语音等功能，图6-104所示为其"剪辑"界面。使用小影可以轻松地对短视频进行修剪、变速和配乐等操作，还可以一键生成主题视频。

同时，使用小影还可以为短视频添加胶片滤镜，增添字幕、动画贴纸、视频特效、转场及调色，制作画中画、GIF视频等，图6-105所示为小影的视频剪辑界面。小影还提供了剪辑工具箱，包括"提取伴奏""音频提取""高清修复""擦除笔""涂鸦录屏""智能裁剪"等工具，如图6-106所示。

图6-104 "剪辑"界面

图6-105 视频剪辑界面

图6-106　"工具箱"界面

↘ 6.4.4　剪影

剪影是一款强大无水印的短视频剪辑工具，支持剪辑超15分钟或更长的高清视频。图6-107所示为剪影的"创作"界面，其中提供了丰富的剪辑小工具。

图6-108所示为剪影的视频剪辑界面，拥有视频剪辑、视频主题、照片电影、视频配音、视频拼图、卡点、视频滤镜、视频画中画、视频字幕、视频边框和背景等功能。剪影还提供了玩法功能，为视频剪辑提供更多创意，如图6-109所示。

图6-107　"创作"界面

图6-108　视频剪辑界面

图6-109　"玩法"界面

↘ 6.4.5 乐秀

乐秀专注于短视频的拍摄与剪辑，拥有视频剪辑、视频拼接、录屏、视频字幕、视频配音、视频马赛克、表情贴纸、GIF制作、视频画中画、视频转场、视频滤镜、音乐相册等功能，支持高清视频导出，支持分享到QQ空间、微信、朋友圈、微博、美拍和优酷，同样适配抖音短视频、快手、火山小视频、西瓜视频、微拍、梨视频等视频制作社区。

图6-110所示为乐秀的"编辑"界面，图6-111所示为其视频编辑界面，图6-112所示为"主题"界面，可以一键对剪辑的视频进行美化。

图6-110 "编辑"界面

图6-111 视频编辑界面

图6-112 "主题"界面

课后练习

1. 打开"素材文件\第6章\课后练习\旅拍"文件夹，将视频素材导入剪映中，对旅拍短视频进行粗剪。

2. 使用快影百宝箱制作文字视频。

3. 使用秒剪模板制作短视频。

第 7 章　短视频剪辑特效制作

【知识目标】

➢ 掌握画面特效的制作方法。
➢ 掌握转场特效的制作方法。
➢ 掌握音频与字幕特效的制作方法。

【能力目标】

➢ 能够使用特效增强画面动感、渲染画面氛围、突出画面主体。
➢ 能够制作隔空取物、绿幕合成、画面变色、文字发光等特效。
➢ 能够制作无缝遮罩、画面切割、主体飞入、画面破碎等转场特效。
➢ 能够添加音效，制作标题文字特效、字幕动画特效和片尾关注特效。

【素养目标】

➢ 在短视频制作中积极弘扬中国优秀传统文化。
➢ 勤于实践，敢于实践，在实践中不断增长本领。

　　在短视频制作中，有趣、炫酷的特效可以让原本普通的短视频变得生动有趣，同时也可以增强短视频的观赏性和吸引力。在剪映中可以为短视频添加或制作各种特效，实现令人赞叹的画面效果。本章将学习如何利用剪映制作画面特效、转场特效及音频与字幕特效。

7.1 制作画面特效

剪映提供了非常丰富的画面特效，利用这些特效可以实现不同的画面效果，例如，让视频画面瞬间变得炫酷、动感或梦幻，从而提升短视频的观赏性。

7.1.1 使用特效增强画面动感

下面为短视频制作画面特效，丰富画面效果，增强画面的节奏感和冲击力，具体操作方法如下。

视频

使用特效增强
画面动感

步骤 01 将时间指针定位到"视频1"素材的第2个片段中，点击"特效"按钮，在弹出的界面中点击"画面特效"按钮，如图7-1所示。

步骤 02 在弹出的界面中点击"动感"分类，选择"灵魂出窍"特效，然后点击✓按钮，如图7-2所示。

步骤 03 调整"灵魂出窍"特效的长度和位置，使其位于"视频1"和"视频2"素材的转场位置，然后点击"调整参数"按钮，如图7-3所示。

图7-1 点击"画面特效"按钮　图7-2 选择"灵魂出窍"特效　图7-3 点击"调整参数"按钮

步骤 04 在弹出的界面中调整"速度"和"范围"参数，然后点击✓按钮，如图7-4所示。

步骤 05 点击"复制"按钮复制"灵魂出窍"特效，选中复制的特效，点击"替换特效"按钮，如图7-5所示。

步骤 06 在弹出的界面中搜索"射线"画面特效，如图7-6所示。

步骤 07 选择"彩虹射线"特效，点击"调整参数"按钮，在弹出的界面中调整"速度"和"不透明度"参数，然后点击✓按钮，如图7-7所示。

图7-4　调整特效参数　　图7-5　点击"替换特效"按钮　图7-6　搜索"射线"画面特效

步骤 08 采用同样的方法添加两个"幻影Ⅱ"特效，制作画面加速模糊效果，如图7-8所示。

步骤 09 采用同样的方法，在"视频1"素材的第1个片段的开始位置添加"闪动"特效，并调整特效参数，使天空闪烁一下，如图7-9所示。根据需要为其他视频素材添加合适的特效，以增强画面动感。

图7-7　调整"彩虹射线"特效　图7-8　添加"幻影Ⅱ"特效　图7-9　添加"闪动"特效

↘ 7.1.2 使用特效渲染画面氛围

下面为短视频添加画面特效，营造特殊的画面氛围，具体操作方法
如下。

视频

使用特效渲染
画面氛围

步骤01 为"视频7"和"视频8"素材下方（这两个素材分别为亭子
和牌坊的后拉镜头）添加"飘落闪粉"特效，点击"作用对象"按钮，
在弹出的界面中选择"全局"选项，然后点击☑按钮，如图7-10所示。

步骤02 将时间指针定位到"闪粉"穿过亭子中间的位置，点击"添
加关键帧"按钮，弹出"调整参数"界面，调整"不透明度"参数为
75，点击☑按钮，如图7-11所示。

步骤03 将时间指针定位到"闪粉"穿过牌楼的位置，点击"添加关键帧"按钮，在弹出
的界面中调整"不透明度"参数为40，点击☑按钮，即可使特效逐渐变淡，如图7-12所示。

图7-10　选择"全局"选项　　图7-11　调整"不透明度"参数　图7-12　调整"不透明度"参数

步骤04 在"视频8"和"视频9"素材下方添加"晴天光线"特效，然后在特效尾部
添加2个关键帧并分别调整"氛围"参数，使"晴天光线"特效进入走廊后快速消失，
如图7-13所示。

步骤05 在"视频15"素材下方分别添加"泡泡变焦"和"浪漫氛围Ⅱ"特效，如
图7-14所示。

步骤06 在"视频16"素材下方分别添加"光斑飘落"和"蝶舞"特效，如图7-15所示。

步骤07 在"视频17"素材下方分别添加"蝴蝶"和"怦然心动"特效，如图7-16所示。

步骤08 在"视频19"素材下方添加"花瓣飞扬"特效，在人手拉动许愿牌的位置添
加"心跳"特效，如图7-17所示。

步骤09 在"视频21"和"视频22"素材下方添加"下雨"特效，如图7-18所示。
采用同样的方法，在"视频23"素材下方添加"夜蝶"特效。

图7-13　设置"晴天光线"特效

图7-14　添加"泡泡变焦"
和"浪漫氛围Ⅱ"特效

图7-15　添加"光斑飘落"
和"蝶舞"特效

图7-16　添加"蝴蝶"
和"怦然心动"特效

图7-17　添加"花瓣飞扬"
和"心跳"特效

图7-18　添加"下雨"特效

↘ 7.1.3　使用特效突出画面主体

下面为短视频添加画面特效，以突出画面主体，具体操作方法如下。

步骤 **01** 在"视频24"素材下方添加"边缘发光"特效，使画面主体边缘出现发光效果，以突出画面主体。将时间指针置于距特效左端2秒的位置，点击"调整参数"按钮 ↔，在弹出的界面中调整"边缘发光"参数为50，点击✅按钮，如图7-19所示。

视频

使用特效突出
画面主体

步骤 **02** 将时间指针置于"边缘发光"特效的左端，点击"添加关键帧"按钮◆，在弹出的界面中调整"边缘发光"参数为0，点击✅按钮，即可使画面主体逐渐发光，如图7-20所示。

步骤 **03** 在"视频25"素材下方添加"镜头变焦"特效，调整特效的长度和位置，将其置于要放大画面的位置。在特效中添加3个关键帧，设置第2个关键帧的"放大"参数为40，设置第1个和第3个关键帧的"放大"参数为0，如图7-21所示。

图7-19　调整"边缘发光"　　图7-20　调整"发光"　　图7-21　设置"镜头变焦"
　　　　参数为50　　　　　　　　参数为0　　　　　　　　特效参数

↘ 7.1.4　制作隔空取物效果

下面使用抠像和关键帧动画制作隔空取物效果，使扇子从空中自动飞入手中，具体操作方法如下。

视频

制作隔空取物
效果

步骤 **01** 将时间指针定位到轨道最左侧，在一级工具栏中点击"画中画"按钮▣，然后点击"新增画中画"按钮➕，如图7-22所示。

步骤 **02** 在弹出的界面中选择"扇子"图片素材，将其添加到"画中画"轨道中，修剪图片素材长度，使其与"视频1"素材的第1个视频片段的右端对齐，点击"抠像"按钮⬡，如图7-23所示。

步骤 **03** 在弹出的界面中点击"自定义抠像"按钮，如图7-24所示。

步骤 **04** 使用"快速画笔"工具在扇面上涂抹一下，即可快速抠出扇子，然后点击✅按钮，如图7-25所示。

步骤 **05** 将时间指针定位到"扇子"图片素材的右端，添加关键帧，在预览区调整扇子的大小和方向，如图7-26所示。

步骤 **06** 修剪"扇子"图片素材的左端，将扇子拖至画面左上方，点击"基础属性"按钮 **◉**，在弹出的界面中点击"缩放"按钮，调整"缩放"参数为 2%，如图 7-27 所示。

图7-22　点击"新增画中画"按钮

图7-23　点击"抠像"按钮

图7-24　点击"自定义抠像"按钮

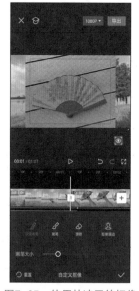

图7-25　使用快速画笔抠像

图7-26　调整扇子的大小和方向

图7-27　调整"缩放"参数

步骤 **07** 点击"旋转"按钮，调整"旋转"参数为 -356°，如图 7-28 所示。

步骤 **08** 拖动时间线，预览扇子飞入手中的效果，如图 7-29 所示。

步骤 **09** 点击"调节"按钮 **◈**，在弹出的界面中对扇子进行调色，使其与"视频 1"素材的第 2 个片段中扇子的颜色相似，在此点击"光感"按钮 **◉**，将滑块拖至最左侧，如图 7-30 所示。

图7-28　调整"旋转"参数

图7-29　预览效果

图7-30　调整"光感"参数

⬊ 7.1.5　制作绿幕合成效果

视频

制作绿幕合成效果

　　下面使用"色度抠图"功能制作绿幕合成效果，具体操作方法如下。

步骤 01 在"视频2"素材下方插入"老鹰"绿幕素材，调整素材的音量为0，并对该素材进行修剪。点击"抠像"按钮🔲，然后点击"色度抠图"按钮🔳，如图7-31所示。

步骤 02 在弹出的界面中使用取色器选择绿色背景，点击"强度"按钮🔳，拖动滑块调整抠除绿幕背景的"强度"参数为70，如图7-32所示。

步骤 03 点击"阴影"按钮🔳，拖动滑块调整"阴影"参数为"80"，让画面主体边缘变得饱满，然后点击✓按钮，如图7-33所示。

步骤 04 色度抠图完成后，可以看到画面中"老鹰"绿幕素材的边缘存在细细的绿边，点击"调节"按钮🔳，在弹出的界面中点击"HSL"按钮 HSL，如图7-34所示。

图7-31　点击"色度抠图"按钮　　图7-32　调整"强度"参数

图7-33 调整"阴影"参数

图7-34 点击"HSL"按钮

步骤 05 弹出"HSL"界面，点击"绿色"按钮 ⬤，然后将"饱和度"参数调整为 −100，即可清除绿边，如图 7-35 所示。

步骤 06 将时间指针定位到"老鹰"绿幕素材的左端，添加关键帧，然后在预览区将"老鹰"绿幕素材拖至画面右侧，如图 7-36 所示。

图7-35 调整"绿色"饱和度参数

图7-36 调整"老鹰"绿幕素材位置

步骤 07 将时间指针向右移动 10 帧，然后将"老鹰"绿幕素材移至画面中间位置，如图 7-37 所示。

步骤 08 将时间指针向右再移动一段并添加一个关键帧,然后在"老鹰"绿幕素材的右端再添加一个关键帧,在预览区中将"老鹰"绿幕素材拖至画面上方并调小图像,如图7-38所示。

步骤 09 预览"老鹰"绿幕合成效果,"老鹰"绿幕素材先是从画面右侧飞入画面中间,飞行一段时间后向上飞出画面,如图7-39所示。

图7-37 调整"老鹰"
绿幕素材位置

图7-38 调整"老鹰"绿幕素材
位置和大小

图7-39 预览绿幕合成效果

↘ 7.1.6 制作画面变色效果

在剪映中可以使用滤镜、特效等方法制作画面变色效果,具体操作方法如下。

步骤 01 在"视频3"素材下方添加"默片"滤镜,使画面变为黑白。将时间指针置于"默片"滤镜的左端,添加关键帧,在弹出的界面中调整滤镜强度为80,如图7-40所示。

视频

制作画面变色
效果

步骤 02 在"默片"滤镜右侧添加第2个关键帧,然后调整滤镜强度为0,即可制作画面由黑白变为彩色的画面变色效果,如图7-41所示。

步骤 03 在"视频4"和"视频5"素材的转场位置添加"变黑白"特效,即可使画面由彩色变为黑白,使画面主体更加突出,画面更具质感,如图7-42所示。

步骤 04 在"视频20"素材下方添加特效,在此选择"电影"分类中的"老电影Ⅱ"特效,可以看到画面变为黑白,并添加了边框和噪点,呈现出黑白老电影效果,如图7-43所示。

步骤 05 根据需要调整"老电影Ⅱ"特效的长度,使其包括"视频21"素材和"视频22"素材的局部,拖动时间线预览画面效果,如图7-44所示。

步骤 06 点击"视频19"和"视频20"素材之间的"转场"按钮，选择"雾化"转场效果,调整时长为0.8s,然后点击✓按钮,如图7-45所示。

图7-40 调整滤镜强度为80　　图7-41 调整滤镜强度为0　　图7-42 添加"变黑白"特效

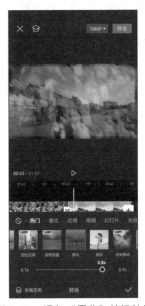

图7-43 选择"老电影Ⅱ"特效　　图7-44 预览画面效果　　图7-45 添加"雾化"转场效果

↘ 7.1.7　制作画面中文字发光效果

下面利用蒙版和画面特效制作画面中文字发光效果，具体操作方法如下。

步骤 01 选中"视频12"素材，点击"复制"按钮🔲，如图7-46所示。

步骤 02 选中复制后左侧的视频素材，点击"切画中画"按钮✂，如图7-47所示。

视频

制作画面中文字
发光效果

步骤 03 此时即可将复制的视频素材切换到画中画轨道，点击"抠像"按钮🄐，然后点击"自定义抠像"按钮🄑，如图7-48所示。

图7-46　点击"复制"按钮　　图7-47　点击"切画中画"按钮　　图7-48　点击"自定义抠像"按钮

步骤 04 使用"快速画笔"工具涂抹牌匾，即可抠出牌匾，然后点击✔按钮，如图7-49所示。

步骤 05 在"视频12"素材下方添加"太阳光"特效，点击"作用对象"按钮🄐，如图7-50所示。

步骤 06 在弹出的界面中选择"画中画"选项，将特效应用到画中画轨道抠出的牌匾上，使牌匾上的文字发光，然后点击✔按钮，如图7-51所示。

图7-49　使用"快速画笔"抠像　图7-50　点击"作用对象"按钮　图7-51　选择"画中画"选项

7.2 制作转场特效

下面在短视频中制作转场特效，使镜头切换得更流畅、自然，更具有艺术性。

↘ 7.2.1 制作无缝遮罩转场特效

下面利用蒙版制作无缝遮罩转场效果，具体操作方法如下。

视频

制作无缝遮罩
转场特效

步骤 01 在"视频4"和"视频5"素材的转场位置添加"幻灯片"分类中的"向左擦除"转场效果，拖动时间线预览转场效果，如图7-52所示。

步骤 02 插入"柱子"画中画图片素材，修剪其长度为0.8s，将其置于两个视频素材的转场位置，然后点击"蒙版"按钮◙，如图7-53所示。

步骤 03 在弹出的界面中选择"镜面"蒙版，在预览区调整"镜面"蒙版的位置和角度，使其仅包括柱子，然后点击"调整参数"按钮，如图7-54所示。

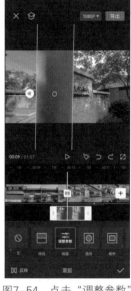

图7-52 预览转场效果　　图7-53 点击"蒙版"按钮　　图7-54 点击"调整参数"按钮

步骤 04 在弹出的界面中调整"位置""旋转"和"羽化"参数，对蒙版进行微调，如调整"旋转"参数为91°，"羽化"参数为2，然后点击◎按钮，如图7-55所示。

步骤 05 在"柱子"图片素材的左端添加关键帧，然后在预览区将图片素材移至画面右侧，如图7-56所示。

步骤 06 在"柱子"图片素材的右端添加关键帧，然后在预览区将图片素材移至画面左侧，如图7-57所示。

步骤 07 点击"转场"按钮，在弹出的界面中调整转场时长，使"向左擦除"转场与柱子的移动速度同步，如图7-58所示。

步骤 **08** 将时间指针定位到"视频14"素材的右端，选中"视频14"素材，点击"定格"按钮■，如图7-59所示。

步骤 **09** 将生成的定格图片拖至画中画轨道，修剪其长度为0.5s，然后点击"蒙版"按钮■，如图7-60所示。

图7-55　调整蒙版参数

图7-56　将图片素材移至画面右侧

图7-57　将图片素材移至画面左侧

图7-58　调整转场时长

图7-59　点击"定格"按钮

图7-60　点击"蒙版"按钮

步骤 10 在弹出的界面中选择"圆形"蒙版，点击"反转"按钮 ，在预览区调整蒙版大小，使其框住圆拱门，然后点击 按钮，如图 7-61 所示。

步骤 11 在定格图片的两端添加关键帧，制作图片放大动画，如图 7-62 所示。

 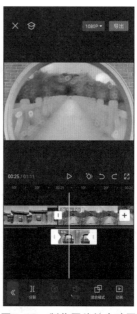

图7-61　调整蒙版　　　　图7-62　制作图片放大动画

↘ 7.2.2　制作画面切割转场特效

下面利用蒙版制作画面切割转场特效，将上一镜头从任一位置切割并划出画面，同时显现下一镜头画面，具体操作方法如下。

视频

制作画面切割
转场特效

步骤 01 将时间指针定位到"视频 9"素材的右侧，选中"视频 9"素材，点击"定格"按钮 ，如图 7-63 所示。

步骤 02 将生成的定格图片切换到画中画轨道，修剪其长度为 0.5s，然后点击"蒙版"按钮 ，如图 7-64 所示。

步骤 03 在弹出的界面中选择"线性"蒙版，然后点击 按钮，如图 7-65 所示。

步骤 04 复制画中画轨道中的定格图片，并将其移至下层轨道，点击"蒙版"按钮 ，在弹出的界面中点击"反转"按钮 ，然后点击 按钮，如图 7-66 所示。

步骤 05 使用关键帧为两个定格图片分别制作向上移动和向下移动的动画效果，即可形成画面上下分割转场效果，拖动时间线预览转场效果，如图 7-67 所示。

步骤 06 采用同样的方法，在"视频 12"和"视频 13"素材的转场位置制作关门转场效果，如图 7-68 所示。在"视频 13"和"视频 14"素材的转场位置制作开门转场效果，并添加"星火Ⅱ"和"星火"特效，以渲染画面氛围。

图7-63 点击"定格"按钮

图7-64 点击"蒙版"按钮

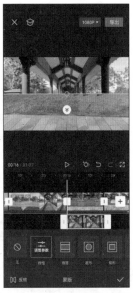

图7-65 选择"线性"蒙版

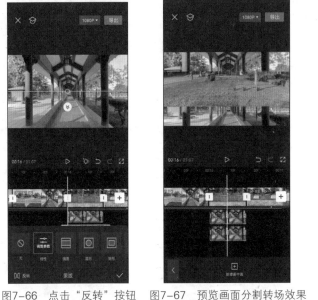

图7-66 点击"反转"按钮　　图7-67 预览画面分割转场效果

图7-68 制作关门转场效果

7.2.3 制作画面主体飞入转场特效

下面利用抠像功能制作画面主体飞入转场特效，使下一镜头中的主体从画布外飞入画面，具体操作方法如下。

步骤 01 使用"定格"功能在"视频10"素材的左端生成定格图片，并将其切换到画中画轨道，点击"抠像"按钮，然后点击"自定义抠像"按钮，如图7-69所示。

视频

制作画面主体
飞入转场特效

步骤 02 使用"快速画笔"工具涂抹画面中的石雕，抠出石雕图像，然后点击☑按钮，如图 7-70 所示。

步骤 03 将石雕图像拖至下层画中画轨道中，然后利用关键帧制作石雕图像从上向下移动的动画效果，如图 7-71 所示。

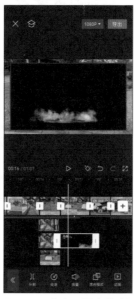

图7-69　点击"自定义抠像"按钮　图7-70 使用"快速画笔"抠像　图7-71　制作关键帧动画

步骤 04 在画中画轨道中插入"灰尘"特效视频素材，对"灰尘"特效视频素材进行速度调整，使其与"视频 10"素材长度相同，然后点击"混合模式"按钮🔳，如图 7-72 所示。

步骤 05 在弹出的界面中选择"滤色"模式，拖动滑块调整不透明度为 75，如图 7-73 所示。

步骤 06 根据"视频 10"素材中石雕的运动情况，使用关键帧编辑"灰尘"特效视频素材，使其与石雕运动画面相匹配，如图 7-74 所示。

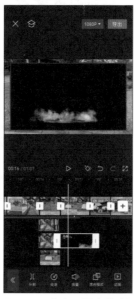

图7-72　点击"混合模式"　　图7-73　调整"滤色"
　　　　　按钮　　　　　　　　　模式的不透明度

图7-74 编辑关键帧动画

7.2.4 制作画面破碎转场特效

下面利用转场特效素材制作画面破碎转场特效，具体操作方法如下。

步骤 01 将时间指针定位到"视频11"素材的右端，选中"视频11"素材，点击"基础属性"按钮📱，在弹出的界面中查看"视频11"素材的"位置""缩放""旋转"等属性，然后点击✔按钮，如图7-75所示。

步骤 02 点击界面左上方的✖按钮，退出剪辑界面。点击"开始创作"按钮新建项目，将"视频11"素材导入项目中，并将时间指针定位到上一步中"视频11"素材的画面位置，点击"基础属性"按钮📱，在弹出的界面中调整"位置""缩放""旋转"等属性，使其与上一步中的参数相同，然后点击✔按钮，如图7-76所示。

步骤 03 在时间指针位置分割"视频11"素材，删除左侧的片段，在画中画轨道中插入"破碎"转场特效素材，点击"抠像"按钮👤，然后点击"色度抠图"按钮⊙，如图7-77所示。

步骤 04 在弹出的界面中使用取色器选择蓝色背景，点击"强度"按钮◐，拖动滑块调整抠除蓝色背景的强度，在画面中去掉"破碎"转场特效素材中的蓝色，然后点击界面右上方的"导出"按钮导出视频，如图7-78所示。

步骤 05 重新打开剪辑项目，在"视频12"素材下方的画中画轨道中插入前面导出的视频，对视频进行调速设置。点击"抠像"按钮👤，然后点击"色度抠图"按钮⊙，如图7-79所示。

步骤 06 在弹出的界面中使用取色器选择绿色背景，点击"强度"按钮◐，拖动滑块调整抠除绿色背景的强度，在画面中去掉绿色，即可制作出画面破碎转场效果，如图7-80所示。

图7-75　查看基础属性

图7-76　调整基础属性

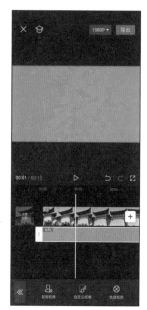

图7-77　点击"色度抠图"按钮

图7-78　抠除蓝色部分

图7-79　点击"色度抠图"按钮

图7-80　抠除绿色部分

7.3 制作音频与字幕特效

　　下面将详细介绍如何在短视频中制作音频与字幕特效，包括制作短视频音效、标题文字特效、字幕动画特效和片尾关注特效。

↘ 7.3.1 制作短视频音效

音效主要包括环境音和特效音，为短视频添加音效可以增加画面的代入感和趣味性。剪映提供了丰富的音效库，在剪映中制作短视频音效的具体操作方法如下。

步骤 01 将时间指针定位到要插入音效的位置，在一级工具栏中点击"音频"按钮♪，然后点击"音效"按钮，如图7-81所示。

步骤 02 在弹出的界面中搜索"慢飞"，在搜索结果列表中选择要使用的音效，点击"使用"按钮，如图7-82所示。

步骤 03 调整"慢飞"音效的位置，采用同样的方法在两个视频素材的转场位置添加"抓住"音效，如图7-83所示。

图7-81 点击"音效"按钮　　图7-82 搜索并选择音效　　图7-83 添加"抓住"音效

步骤 04 选中"慢飞"音效，点击"音量"按钮，在弹出的界面中向右拖动滑块，增大音效的音量，然后点击✓按钮，如图7-84所示。

步骤 05 在"视频1"素材的第2个片段的结尾位置添加"挥动声"音效，在"视频2"素材中添加"飞机起飞"和"老鹰啼叫声1"音效，如图7-85所示。

步骤 06 在"视频3"和"视频4"素材中画面的加速位置添加"'呼'的转场音效"音效，在"视频4"和"视频5"素材的转场位置添加"电影标题转场音效"音效，如图7-86所示。

步骤 07 采用同样的方法，为其他视频素材添加音效。例如，为"飘落闪粉"特效添加"美好之光"音效，在画面加速位置添加"突然加速"和"快速驶过"音效，在画面切割转场位置添加"刀"音效，在石雕落地位置添加"落地声"音效，在画面破损转场位置添加"玻璃破损声"音效，在画面文字发光位置添加"字幕出现的发光音效"音效，在关门和开门转场位置分别添加"木门关门"和"木门开门"音效，在"心跳"特效位置添加"心跳声"音效，在"下雨"特效位置添加"大自然淅沥沥的下雨声"音效等。

图7-84　调整音量　　　　图7-85　添加音效1　　　　图7-86　添加音效2

↘ 7.3.2　制作标题文字特效

使用剪映的"文字模板"功能可以一键对添加的文本进行包装，生成情绪、综艺感、气泡、手写字、片头标题等短视频中常用的字幕效果。下面使用文字模板为短视频制作标题文字特效，具体操作方法如下。

步骤 **01** 将时间指针定位到最后一个视频素材的右端，选中该视频素材，点击"定格"按钮▣，如图7-87所示。

步骤 **02** 修剪生成的定格片段的长度，并利用关键帧制作画面放大动画，如图7-88所示。

步骤 **03** 在定格片段的下方添加"模糊闭幕"特效，点击"调整参数"按钮⇄，在弹出的界面中调整"速度"和"模糊度"参数，如图7-89所示。

步骤 **04** 将时间指针定位到定格片段的左端，在一级工具栏中点击"文字"按钮T，在弹出的界面中点击"文字模板"按钮▣，如图7-90所示。

图7-87　点击"定格"按钮　　　图7-88　制作画面放大动画

图7-89　设置"模糊闭幕"特效　　图7-90　点击"文字模板"按钮

步骤 **05** 在打开的界面中点击"旅行"标签，选择所需的文字模板，如图 7-91 所示。

步骤 **06** 在预览区点击文字，根据需要修改文字，如图 7-92 所示。点击界面右上方的"导出"按钮，即可导出短视频。

图7-91　选择文字模板　　　　图7-92　修改文字

↘ 7.3.3 制作字幕动画特效

下面使用剪映的识别字幕功能为短视频添加歌词字幕，并制作字幕动画特效，具体操作方法如下。

视频

制作字幕动画特效

步骤 01 新建剪辑项目并导入上一节导出的短视频，将时间指针定位到轨道最左侧，在一级工具栏中点击"文字"按钮 **T**，在弹出的界面中点击"识别歌词"按钮 ，如图 7-93 所示。

步骤 02 在弹出的界面中点击"开始匹配"按钮，开始自动识别背景音乐中的歌词字幕，然后点击 ✓ 按钮，如图 7-94 所示。

步骤 03 识别完成后，可以看到识别出的歌词字幕片段，根据需要调整各歌词字幕片段的长度。选中其中一个歌词字幕片段，点击"编辑"按钮 **Aa**，如图 7-95 所示。

图7-93 点击"识别歌词" 　　图7-94 点击"开始匹配" 　　图7-95 点击"编辑"按钮
　　　　　 按钮 　　　　　　　　　　　 按钮

步骤 04 打开文本编辑界面，点击"字体"按钮，然后点击"手写"标签，选择"花语手书"字体，如图 7-96 所示。

步骤 05 点击"花字"按钮，然后点击"黑白"标签，选择所需的花字样式，如图 7-97 所示。

步骤 06 点击"动画"按钮，然后点击"入场"标签，选择"站起"动画并拖动滑块调整时长，如图 7-98 所示。

步骤 07 点击"出场"标签，选择"躺下"动画并拖动滑块调整时长，然后点击 ✓ 按钮，即可完成歌词字幕的设置，如图 7-99 所示。

步骤 08 拖动时间线，预览字幕动画效果，如图 7-100 所示。

图7-96　选择"花语手书"字体

图7-97　选择花字样式

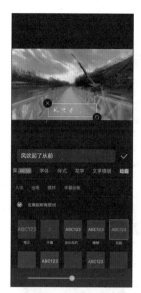
图7-98　设置入场动画

图7-99　设置出场动画

图7-100　预览字幕动画效果

↘ 7.3.4　制作片尾关注特效

下面使用剪映为短视频制作一个片尾关注特效，引导用户关注或点赞，提升短视频的互动性，具体操作方法如下。

步骤 **01** 新建项目，导入用于制作头像的视频素材，如图 7-101 所示。

步骤 **02** 新增画中画素材，导入片尾特效视频素材，并对该素材进行修剪，点击"抠像"按钮图，然后点击"色度抠图"按钮图，如图 7-102 所示。

步骤 **03** 在弹出的界面中使用取色器选择绿色背景，点击"强度"按钮图，拖动滑块调

视频

制作片尾关注
特效

153

整抠除强度，在画面中去掉绿色，显示出主轨道中的图像，如图 7-103 所示。

图7-101　导入视频素材　　图7-102　点击"色度抠图"按钮　图7-103　调整"强度"参数

步骤 04 选中主轨道中的视频素材，点击"蒙版"按钮◎，在弹出的界面中选择"矩形"蒙版，在预览区调整蒙版的大小和位置，然后点击✓按钮，如图 7-104 所示。

步骤 05 点击"基础属性"按钮◎，在弹出的界面中分别调整"缩放"和"位置"参数，将头像与特效素材的头像框相匹配，如图 7-105 所示。

步骤 06 将时间指针定位到特效视频素材的右端，选中特效视频素材，点击"定格"按钮◎，如图 7-106 所示。

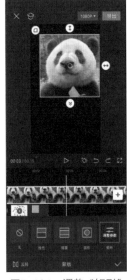

图7-104　调整"矩形"　　图7-105　调整"缩放"和　图7-106　点击"定格"按钮
　　蒙版的大小和位置　　　　"位置"参数

步骤 07 将主轨道中头像视频素材的长度调整为5s，然后调整定格片段的长度，使其与头像视频素材的右端对齐，如图7-107所示。

步骤 08 将时间指针定位到要添加文字的位置，在一级工具栏中点击"文字"按钮，然后点击"文字模板"按钮，在打开的界面中点击"互动引导"标签，选择所需的文字模板并修改文字，如图7-108所示。

步骤 09 点击"字体"按钮，选择所需的字体格式，然后点击按钮，即可完成片尾关注特效的制作，如图7-109所示。

图7-107　修剪头像视频素材长度　　图7-108　选择文字模板　　图7-109　设置字体格式

课后练习

1. 使用剪映为旅拍短视频制作画面加速模糊、画面合成、画面变色等特效。
2. 使用剪映制作无缝遮罩转场、画面主体飞入转场、画面切割转场等特效。
3. 使用剪映为短视频添加音效并制作标题文字特效。

第 **8** 章 手机短视频拍摄与制作综合实战

【知识目标】

➢ 掌握拍摄与制作美食类短视频的方法。
➢ 掌握拍摄与制作生活技能类短视频的方法。
➢ 掌握拍摄与制作商品宣传类短视频的方法。
➢ 掌握拍摄与制作微电影类短视频的方法。

【能力目标】

➢ 能够拍摄与制作美食探店短视频。
➢ 能够拍摄与制作生活小妙招短视频。
➢ 能够拍摄与制作商品宣传短视频。
➢ 能够拍摄与制作微电影短视频。

【素养目标】

➢ 培养节奏掌控能力，在视频创作中要准确把握"节奏感"。
➢ 提升民族团结意识，利用短视频推进民族团结进步事业。

实践出真知，我们只有勤于实践，敢于实践，才能真正掌握手机短视频拍摄与制作的技术精髓。本章将通过美食类短视频、生活技能类短视频、商品宣传类短视频和微电影类短视频创作实战练习来巩固手机短视频拍摄与制作技巧，提升读者的短视频创作能力。

8.1 课堂案例：拍摄与制作美食类短视频

在各类短视频平台上，美食类短视频是颇受用户欢迎的短视频类型之一，这类短视频又可细分为探店类、吃播类、美食教程类、乡村美食类等类型。下面以制作一家牛排餐厅的探店短视频为例，介绍其拍摄与制作方法。

↘ 8.1.1 拍摄牛排餐厅探店短视频

在拍摄美食探店类短视频前需要构思拍摄脚本，可以结合用户评价或其他创作者的内容来提炼店铺特色，明确视频拍摄要点，如门店环境特色、爆款菜品、服务态度等。美食探店短视频的整体时长要控制在45s以内，最好在30s以内。

拍摄脚本的撰写可以分为以下三个部分。

● 开头：传递核心卖点，吸引眼球。开头5秒是提升完播率的关键，要用一句话来概括能在哪里吃到什么东西，并提供餐品高性价比的信息。

● 中段：镜头画面与文案相互配合，深入展示主要菜品，强化核心卖点。

● 后段：强化消费场景，重申核心卖点，激发用户的消费需求和评论互动。

本案例的拍摄脚本如表8-1所示。

表8-1 牛排餐厅探店短视频的拍摄脚本

序号	景别	画面内容	台词/旁白
1	中景	主播坐在餐桌前口播	你敢信？这就是只要100多元就能点到的牛排双人餐
2	全景	餐厅门头招牌	地址就在深圳×××的×××餐厅
3	中景	餐厅门口	
4	全景	牛排双人套餐的餐品	现在推出七夕双人套餐
5	近景	打开放牛排的木盒盖子	只要100多元就能吃到深圳首创木盒炭熏牛排
6	特写	往牛排上撒佐料	
7	全景	服务员剪牛排	果木炭的香味与牛排完美融合
8	特写	服务员剪牛排	
9	特写	服务员剪牛排（不同角度）	
10	近景	剪好的牛排	七成熟，刚刚好
11	特写	用叉子叉一块牛排展示	很鲜嫩，牛油的香味也很浓
12	近景	用点火器点燃盒底木炭	利用木炭保持牛排的温度
13	中景	主播吃牛排	每一口吃起来都跟第一口一样鲜香
14	近景	用叉子挑起面条	肉香意面的味道也超好吃
15	全景	室内用餐环境	室内是摩洛哥复古风的用餐环境

序号	景别	画面内容	台词/旁白
16	全景	室外用餐环境	室外是露营风的用餐环境
17	全景	室内楼梯、墙壁装修风格	氛围感拉满了
18	近景	向牛排上倒酱汁	这家小众牛排餐厅，你一定要来试试
19	近景	手拿果汁杯碰杯	

在拍摄探店短视频时，要提前与店家表明身份和来意，征得同意后再根据拍摄脚本进行相关短视频的拍摄。本例美食探店主要拍摄了以下几组镜头。

（1）拍摄店面环境，包括餐馆的门头、门口、店内装修风格、吧台、楼梯等，图8-1所示为部分镜头。

图8-1　拍摄店面环境镜头

（2）拍摄牛排从上餐到处理完成的过程，包括木盒牛排端上桌、打开木盒盖子、撒佐料、服务员剪牛排、加热木炭、撒酱汁等镜头，图8-2所示为部分镜头。

图8-2　拍摄处理牛排镜头

（3）拍摄牛排套餐的餐品，包括整体的套餐及每样餐品的镜头，图8-3所示为部分镜头。

图8-3 拍摄餐品镜头

（4）拍摄主播口播和用餐镜头，图8-4所示为部分镜头。

图8-4 拍摄主播口播和用餐镜头

在拍摄过程中，拍摄者需要掌握以下拍摄要点。

● 观察环境，确认拍摄位置。选择一个具有空间纵深感的位置，画面中最好有前景、中景和后景，以增加画面的层次感。在室内拍摄菜品，依靠室内环境光来营造氛围感，如果环境偏暗，还需要使用补光灯进行补光。

● 灵活运用景别，让视频画面更加饱满。全景拍摄餐厅环境、顾客用餐、主播进店等场景；中景拍摄顾客用餐过程等；近景拍摄主播进食、菜品上桌、单独的菜品等；特写拍摄菜品细节、主播品尝牛排的画面、面部表情等。

● 尝试用各种不同的运动镜头进行拍摄，如平移镜头、前推/后拉镜头、摇移镜头、环绕镜头等。

● 疏密有序，突出菜品。拍摄菜品时，选择干净的背景，并对菜品进行合适的摆盘。

● 画面中适当加入人物。人物的出镜可以让原本的静态画面变得生动活泼，如夹菜、端盘、碰杯等。

● 对每个有特色的画面尽量多拍一些镜头，避免在后期剪辑时缺少素材。

8.1.2 制作牛排餐厅探店短视频

下面将详细介绍如何在剪映App中对牛排餐厅探店短视频进行后期剪辑。

1. 剪辑视频素材

下面对拍摄的视频素材进行剪辑，先将视频素材导入剪映中，然后将脚本文案转换为旁白音频，并根据旁白音频剪辑视频素材，具体操作方法如下。

视频

剪辑视频素材

步骤 01 打开剪映 App，点击"开始创作"按钮 +，如图 8-5 所示。

步骤 02 打开"添加素材"界面，依次选中要添加的视频素材，在界面下方选中"高清"选项，点击"添加"按钮，如图 8-6 所示。

步骤 03 将要用到的视频素材添加到主轨道中，并对视频素材进行粗剪，裁掉不需要的画面，如图 8-7 所示。

图8-5 点击"开始创作"按钮　　　图8-6 添加视频素材　　　图8-7 修剪视频素材

步骤 04 在一级工具栏中点击"文字"按钮 T，然后点击"新建文本"按钮 A+，在弹出的界面中输入脚本文案，点击 ✓ 按钮，如图 8-8 所示。

步骤 05 选中文本素材，点击"文本朗读"按钮 Aα，在弹出的界面中选择"译制片男"音色，点击"调节"按钮，在弹出的界面中拖动滑块调整语速，点击 ✓ 按钮，然后点击 ✓ 按钮，即可生成旁白音频，如图 8-9 所示，然后将文本素材删除。

步骤 06 在主轨道最左侧点击"关闭原声"按钮 ◁，关闭所有视频素材的原声。根据生成的旁白音频对视频素材进行常规变速，使视频画面与旁白音频的内容保持同步，如图 8-10 所示。

图8-8　输入脚本文案

图8-9　设置音色和语速

图8-10　设置常规变速

步骤 07 根据旁白音频继续对其他视频素材进行修剪和变速调整，如图8-11所示。

步骤 08 选中视频素材，在预览区调整视频画面大小、位置及构图，如图8-12所示。

步骤 09 选中包含主播口播的视频素材，点击"音量"按钮🔊，在弹出的界面中向右拖动滑块增大音量，然后点击✓按钮，如图8-13所示。

图8-11　调整视频素材

图8-12　调整视频画面

图8-13　调整音量

步骤 10 选中点火器点燃木炭的视频素材，点击"音量"按钮 🔊，在弹出的界面中拖动滑块增大音量，然后点击 ✔ 按钮，如图 8-14 所示。

步骤 11 将时间指针定位到第一个视频素材的尾部，点击"音乐"按钮 🎵，在打开的界面中选择要使用的背景音乐，点击"使用"按钮，如图 8-15 所示。

步骤 12 点击"音量"按钮 🔊，在弹出的界面中向左拖动滑块调小背景音乐的音量，然后点击 ✔ 按钮，如图 8-16 所示。

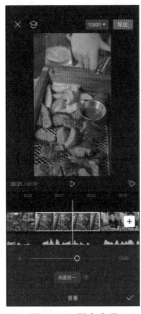

图8-14　增大音量

图8-15　选择背景音乐

图8-16　调小背景音乐的音量

2. 添加视频效果

下面为短视频添加所需的视频效果，如转场效果、动画效果、调色效果等，具体操作方法如下。

视频

添加视频效果

步骤 01 点击前两个视频素材之间的"转场"按钮 |，在弹出的界面中选择"幻灯片"分类中的"左移"转场，拖动滑块调整转场时长，如图 8-17 所示。

步骤 02 选中第 3 个视频素材，点击"动画"按钮 ▶，在弹出的界面中点击"组合动画"按钮，选择"缩小旋转"动画，拖动滑块将动画时长调至最长，点击 ✔ 按钮，如图 8-18 所示。

步骤 03 采用同样的方法，为下一个视频素材添加"旋转降落"组合动画，如图 8-19 所示。根据需要为其他视频素材添加所需的动画效果和转场效果，增强视频画面的动感。

步骤 04 将时间指针定位到要调色的视频素材中，在一级工具栏中点击"滤镜"按钮 🎨，如图 8-20 所示。

步骤 05 在弹出的界面中选择"基础"分类下的"清晰"滤镜，如图 8-21 所示。

步骤 06 点击"调节"按钮，进入"调节"界面，在此调整对比度 +15、锐化 +20、色温 +15，然后点击 ✔ 按钮，如图 8-22 所示。

图8-17　添加"左移"转场

图8-18　添加"缩小旋转"
组合动画

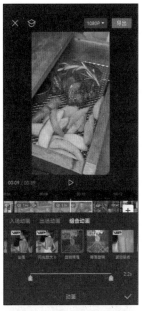

图8-19　添加"旋转降落"
组合动画

图8-20　点击"滤镜"按钮

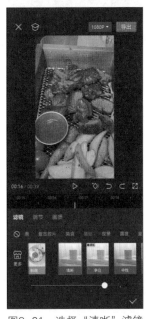

图8-21　选择"清晰"滤镜

图8-22　调整"调节"参数

步骤 07 在展示牛排近景的视频素材下方添加"左右摇晃"画面特效，以增强画面动感，然后在剪牛排的视频素材下方添加"蹦迪光"画面特效，如图8-23所示。

步骤 **08** 在打开盛放牛排木盒视频素材下方添加"煎肉滋滋声"音效，如图8-24所示。

步骤 **09** 选中音效素材，点击"淡化"按钮▥，在弹出的界面中调整淡入和淡出时长，然后点击✔按钮，如图8-25所示。预览视频整体效果，检查没有问题后点击界面右上方的"导出"按钮，即可导出短视频。

图8-23　添加画面特效

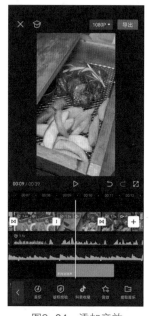

图8-24　添加音效

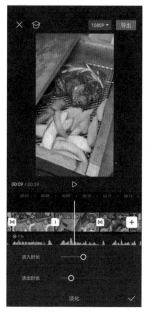

图8-25　淡化音频

3. 添加字幕

下面为牛排餐厅探店短视频添加口播及旁白字幕，具体操作方法如下。

视频

添加字幕

步骤 **01** 新建剪辑项目并导入剪辑好的短视频，在一级工具栏中点击"文字"按钮Ⓣ，在弹出的界面中点击"识别字幕"按钮Ⓐ，如图8-26所示。

步骤 **02** 在弹出的界面中点击"开始匹配"按钮，开始自动识别短视频中的语音字幕，如图8-27所示。

步骤 **03** 将时间指针定位到要分割文本的位置，选中文本素材，点击"分割"按钮▥，如图8-28所示。

步骤 **04** 选中分割后左侧的文本素材，点击"编辑"按钮Ⓐ，在弹出的界面中修改文本内容，并调整文本的大小和位置，点击"字体"按钮，然后点击"基础"标签，选择"抖音体"字体，点击✔按钮，如图8-29所示。

步骤 **05** 将时间指针定位到打开木盒盖子的视频素材，点击"文字模板"按钮Ⓐ，在打开的界面中点击"美食"标签，选择所需的文字模板并修改文字，然后点击✔按钮，如

图8-30 所示。

步骤 06 采用同样的方法使用文字模板制作花字字幕，以修饰画面，如图8-31所示。

图8-26　点击"识别字幕"
按钮

图8-27　点击"开始匹配"
按钮

图8-28　点击"分割"按钮

图8-29　设置字体

图8-30　选择文字模板
并修改文字

图8-31　制作花字字幕

8.2 课堂案例：拍摄与制作生活技能类短视频

生活技能类短视频从实际生活中取材，围绕人们的兴趣和需求展开，内容涵盖日常生活、教育医疗、旅游娱乐、文化体育等方面。这类短视频具有短小精悍、主题突出、内容实用等特点，让人们掌握更多的生活技能。下面以制作生活小妙招短视频为例，介绍其拍摄与制作方法。

↘ 8.2.1 拍摄生活小妙招短视频

生活小妙招短视频的拍摄大多是就地取材，将生活中的一些日常用品进行搭配或改造以解决生活难题，其制作成本低，性价比高，具有一物多用、物美价廉的特点，能够最大限度满足人们生活的多样化需求。

本案例拍摄了5个生活小妙招短视频，包括"易拉罐环的妙用""清洁棉刷的妙用""空瓶的妙用""瓶盖的妙用"和"吸管的妙用"，图8-32所示为部分镜头。

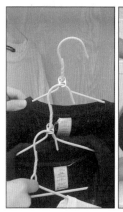

图8-32 生活小妙招短视频镜头

生活小妙招短视频的拍摄难度较低，其拍摄要点如下。

（1）确定视频内容，撰写拍摄脚本，明确每一步的操作，分步完成拍摄。

（2）布置干净整洁的拍摄背景，选好构图拍摄近景，利用三脚架拍摄固定镜头。

（3）对拍摄场景进行补光，确保画面清晰、明亮。

（4）拍摄操作前后的对比画面，突出小妙招的实用性。

↘ 8.2.2 制作生活小妙招短视频

生活小妙招短视频一般节奏较快，需要对视频素材进行加速处理，并运用动画和转场增加画面动感效果。在背景音乐的选择上，一般选用快节奏的音乐或歌曲。下面将详细介绍如何在剪映App中对生活小妙招短视频进行后期剪辑。

1. 剪辑短视频

下面对生活小妙招短视频进行剪辑，具体操作方法如下。

视频

剪辑短视频

步骤 01 将视频素材依次导入剪映的视频剪辑界面，并对视频素材进行修剪，然后点击"音乐"按钮🎵，如图8-33所示。

步骤 02 在打开的界面中选择要使用的背景音乐，点击"使用"按钮，如图8-34所示。

步骤 03 根据需要对各视频素材进行常规变速调整，加快视频播放节奏，然后点击✓按钮，如图8-35所示。

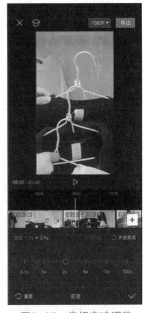

图8-33 修剪视频素材　　图8-34 点击"使用"按钮　　图8-35 常规变速调整

步骤 04 在"易拉罐环的妙用"视频素材中添加两个关键帧，然后在第2个关键帧位置放大画面并移动主体位置，制作画面放大动画，突出画面中的主体，如图8-36所示。采用同样的方法，利用关键帧为其他视频素材制作动画效果。

步骤 05 点击前两个视频素材之间的"转场"按钮⊡，在弹出的界面中选择"运镜"分类中的"推近"转场，拖动滑块调整转场时长，然后点击✓按钮，如图8-37所示。采用同样的方法，为其他视频素材添加所需的转场效果。

步骤 06 将时间指针定位到要添加贴纸的位置，点击"贴纸"按钮🕐，在弹出的界面中搜索"错误"，选择所需的贴纸，即可将其插入视频画面中，如图8-38所示。

步骤 07 调整贴纸的长度和位置，然后点击"动画"按钮🔘，在弹出的界面中选择"弹簧"入场动画，拖动滑块调整时长，点击✓按钮，如图8-39所示。

步骤 08 在贴纸出现的位置添加"系统错误音效"音效，如图8-40所示。

步骤 09 采用同样的方法，在下一个视频素材位置添加"正确"贴纸和"答案正确提示"音效，如图8-41所示。

图8-36　编辑关键帧动画

图8-37　添加转场效果

图8-38　添加贴纸

图8-39　添加入场动画

图8-40　添加音效

图8-41　添加贴纸和音效

2. 制作小标题字幕

视频

制作小标题字幕

下面为每个生活小妙招视频素材制作一个小标题字幕，具体操作方法如下。

步骤 01 将时间指针定位到第 2 个小妙招视频素材的左端，点击"定格"按钮▣，如图 8-42 所示。

步骤 02 此时即可在该视频素材左侧添加定格片段，将定格片段的长度调整为 1.5s。在一级工具栏中点击"背景"按钮▨，然后点击"画布样式"按钮▣，在弹出的界面中选择所需的画布样式，如图 8-43 所示。

步骤 03 选中定格片段，点击"不透明度"按钮◔，在弹出的界面中拖动滑块调整不透明度为 0，即可显示背景画布，如图 8-44 所示。

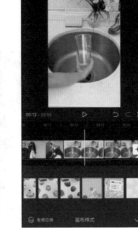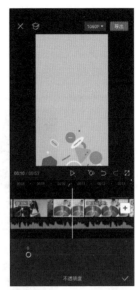

图8-42　点击"定格"按钮　　图8-43　选择画布样式　　图8-44　调整不透明度

步骤 04 点击"文字"按钮𝐓，然后点击"文字模板"按钮🅰，在打开的界面中点击"片中序章"标签，选择所需的文字模板并修改文字，点击✓按钮，如图 8-45 所示。

步骤 05 调整文本的大小，点击"花字"按钮，然后点击"粉色"标签，选择所需的花字样式，如图 8-46 所示。

步骤 06 采用同样的方法，为其他生活小妙招视频素材制作小标题字幕，如图 8-47 所示。

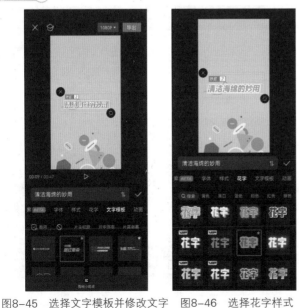

图8-45　选择文字模板并修改文字　　图8-46　选择花字样式　　图8-47　制作小标题字幕

3. 制作片头

下面利用剪映提供的模板为生活小妙招短视频制作片头，具体操作方法如下。

步骤 01 在主界面下方点击"剪同款"按钮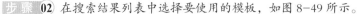，在上方搜索框中输入"片头"，点击"筛选"按钮，在弹出的界面中选择"竖屏"选项，点击"确定"按钮，如图8-48所示。

步骤 02 在搜索结果列表中选择要使用的模板，如图8-49所示。

视频

制作片头

图8-48 搜索并筛选模板   图8-49 选择模板

步骤 03 在打开的界面中预览模板效果，点击"剪同款"按钮，如图8-50所示。

步骤 04 在打开的界面中选择任一视频素材，点击"下一步"按钮，如图8-51所示。

步骤 05 进入模板编辑界面，点击"文本"按钮，然后点击"编辑"按钮，如图8-52所示。

步骤 06 在弹出的界面中删除原有文字，点击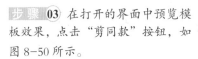按钮，然后点击"导出"按钮导出片头视频，如图8-53所示。

步骤 07 打开剪辑草稿，在主轨道最左侧添加导出的片头视频，然后修剪片头视频的右端，裁掉不

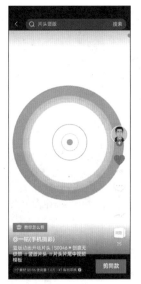

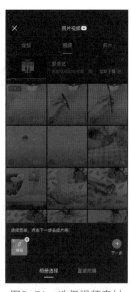

图8-50 点击"剪同款"按钮   图8-51 选择视频素材

需要的画面。对片头视频进行常规变速，调整速度为 1.5x，然后点击 ☑ 按钮，如图 8-54
所示。

图8-52　点击"编辑"按钮

图8-53　删除文字

图8-54　添加并调整片头视频

步骤 08 在片头视频中添加标题文字"生活小妙招"，在文字编辑界面中点击"文字模板"按钮，点击"综艺情绪"标签，选择所需的文字模板，然后点击 ☑ 按钮，如图 8-55 所示。

步骤 09 为片头添加"闪闪亮"音效，在文字的出现位置添加"卡通弹跳音"音效，如图 8-56 所示。

图8-55　选择文字模板

图8-56　添加音效

8.3 课堂案例：拍摄与制作商品宣传类短视频

商品宣传类短视频能够让用户快速了解商品的特点、功能与品牌理念等，迅速引起用户的兴趣，让其产生购买意愿。下面以制作一款智能手表短视频为例，介绍其拍摄与制作方法。

↘ 8.3.1 拍摄智能手表短视频

本案例中的商品是一款适合中老年人佩戴的智能手表，在拍摄前先为商品编写一个宣传文案，然后根据文案构思要拍摄哪些内容，并撰写分镜头脚本，如表8-2所示。

表8-2 智能手表短视频分镜头脚本

序号	景别	画面内容	旁白
地点：办公室			
1	全景	桌上手机亮起"迟到预警"提醒	这个世界上，我们总是在不停地忙碌，想着有足够的条件才能享受生活，回报父母
2	特写	人物在工作中敲击键盘	
3	中景	人物在工作中敲击键盘	
4	近景	人物在工作中移动鼠标	
5	全景	桌上的台历（正面）	我们总觉得日子很长，有的是时间陪伴父母
6	近景	桌上的台历（斜侧面）	
7	全景	手表秒针走动	却忽视了时间飞逝，我们在父母陪伴下长大的同时，父母也在慢慢变老
8	特写	手表秒针走动	
9	全景	母亲陪伴孩子的画面	
10	近景	人物查看手机相册里母亲的照片	
11	特写	人物将商品的手提袋放到桌上	陪伴他们的时间很少，就用充满爱的礼物填满
12	特写	人物将商品包装盒放到桌上	
13	特写	打开商品包装盒	GWALK手表，让爱与被爱都能表达
14	特写	展示包装盒内的商品清单	
15	近景	将手表放到笔记本键盘上展示	
地点：客厅			
16	全景	人物走进客厅	我们无力阻止父母老去，只能在有限的时光里，陪他们慢慢变老
17	特写	人物给母亲佩戴手表	
18	全景	人物给母亲佩戴手表	
19	全景	人物和母亲聊天	
20	特写	展示手表佩戴效果	
21	全景	手表与手机连接配对的展示画面	

脚本撰写完成后，根据脚本拍摄以下各分镜头。

（1）拍摄手机屏幕弹出"迟到预警"提醒的镜头，采用固定镜头拍摄，如图8-57所示。

图8-57　拍摄手机屏幕弹出"迟到预警"提醒

（2）拍摄人物忙碌的场景，包括三个镜头，人物在办公室里敲击键盘的动作采用特写和中景两个分镜头拍摄，人物移动鼠标采用近景拍摄。三个镜头均采用固定镜头从人物的侧前方进行拍摄，如图8-58所示。

图8-58　拍摄人物忙碌的场景

（3）拍摄台历照片，在此拍摄了台历的正面和斜侧面照片，如图8-59所示，后期将对照片进行动画处理。

图8-59　拍摄台历照片

（4）将手表放到白色背景板上，并点亮手表屏幕，拍摄秒针走动的镜头，如图8-60所示。

图8-60　拍摄手表秒针走动

（5）拍摄人物在手机相册里翻看母亲照片的近景镜头，采用固定镜头进行俯拍，如图8-61所示。拍摄人物提着商品的手提袋从画面外走入镜头，将商品的手提袋放到桌子上，采用固定镜头进行俯拍，如图8-62所示。

图8-61 拍摄人物翻看母亲照片

图8-62 拍摄人物放下商品手提袋

（6）拍摄人物将商品的包装盒放到桌子上，采用固定镜头进行俯拍，如图8-63所示。拍摄人物打开商品包装盒的盖子，展示其中的商品清单，如图8-64所示。

图8-63 拍摄放下商品包装盒

图8-64 拍摄打开商品包装盒

（7）拍摄包装盒中的商品照片，如图8-65所示。将手表平放到笔记本键盘上，采用摇镜头运镜拍摄商品外观，如图8-66所示。

图8-65 拍摄商品照片

图8-66 摇镜头拍摄商品

（8）将拍摄场景转移到家庭客厅，拍摄人物拿着商品进入客厅的全景镜头，采用固定镜头进行拍摄，如图8-67所示。拍摄人物给母亲佩戴手表的特写镜头，如图8-68所示。

图8-67 拍摄人物进入客厅

图8-68 拍摄佩戴手表特写镜头

（9）拍摄人物给母亲佩戴手表的全景镜头，如图8-69所示。拍摄人物和母亲聊天的镜头，并将商品作为前景进行拍摄，如图8-70所示。

图8-69 拍摄佩戴手表全景镜头

图8-70 拍摄聊天镜头

（10）拍摄手表佩戴效果的特写镜头，在拍摄时让人物转动手臂展示商品，如图8-71所示。拍摄手表与手机连接配对后的展示画面，如图8-72所示。

图8-71 拍摄手表佩戴效果

图8-72 拍摄手表与手机连接配对的展示画面

（11）除了以上实拍镜头，本例还使用了"钟表指针快速转动"和"母亲陪伴孩子成长"两个视频素材，后期将会对这两个视频画面进行叠加，用于表现"我们在父母陪伴下长大"这句文案，如图8-73所示。

图8-73 视频素材

8.3.2 制作智能手表短视频

下面在剪映App中对智能手表短视频进行后期剪辑。

1. 剪辑视频素材

先将拍摄的视频素材导入剪映中，然后添加旁白音频，并根据旁白对视频素材进行修剪，具体操作方法如下。

视频

剪辑视频素材

步骤 01 将拍摄的视频素材依次导入剪映的视频剪辑界面，点击"音频"按钮，然后点击"提取音乐"按钮，如图8-74所示。

步骤 02 在相册中选择包含旁白音频的视频文件，点击"仅导入视频的声音"按钮，如图8-75所示。

步骤 03 此时即可插入旁白音频，点击"音乐"按钮，如图8-76所示。

图8-74　点击"提取音乐"按钮　　图8-75　导入声音　　图8-76　点击"音乐"按钮

步骤 04 打开"音乐"界面，点击"纯音乐"类别，在打开的音乐列表中选择要使用的背景音乐，然后点击"使用"按钮，如图8-77所示。

步骤 05 长按旁白音频并向右移动15帧，然后对"视频1"素材进行修剪，保留手机屏幕亮起的画面，修剪"视频1"素材的右端到旁白音频中第2句开始的位置，如图8-78所示。

步骤 06 采用同样的方法，以每一句的旁白音频作为剪辑点，依次对视频或图片素材进行修剪，如图8-79所示。

图8-77　选择背景音乐　　图8-78　修剪"视频1"素材　图8-79　修剪其他视频或图片素材

2. 添加视频效果

下面为短视频添加转场效果、动画效果，并制作画面叠加效果，具体操作方法如下。

步骤 01 点击"视频3"和"视频4"素材之间的转场按钮，在弹出的界面中选择"叠化"转场，拖动滑块调整转场时长，如图8-80所示，然后在其他需要添加转场的位置添加"叠化"转场效果。

步骤 02 在"视频4"素材的左端和右端分别添加一个关键帧，将时间指针定位到右端的关键帧位置，在预览区稍微调大画面，制作画面放大效果，如图8-81所示，然后利用关键帧功能为图片素材制作放大或移动动画。

步骤 03 选中需要制作放大动画的视频素材，点击"动画"按钮，在弹出的界面中点击"出场动画"按钮，选择"轻微放大"动画，拖动滑块将动画时长调整为最长，点击按钮如图8-82所示。

图8-80 添加"叠化"转场　　图8-81 使用关键帧制作动画　　图8-82 应用"轻微放大"动画

步骤 04 将时间指针定位到"钟表"视频素材中，在一级工具栏中点击"画中画"按钮，然后点击"新增画中画"按钮，如图8-83所示。

步骤 05 在弹出的界面中选择"童年"视频素材，将其添加到"画中画"轨道中，修剪视频素材的长度，使其与主轨道中的视频素材对齐，然后点击"蒙版"按钮，如图8-84所示。

步骤 06 在弹出的界面中选择"圆形"蒙版，在预览区调整"圆形"蒙版的大小和位置，使其刚好盖住表盘，然后点击按钮，如图8-85所示。

步骤 07 点击"混合模式"按钮，在弹出的界面中选择"变暗"模式，拖动滑块调整不透明度为80，然后点击按钮，如图8-86所示。

图8-83　点击"新增画中画"按钮　图8-84　添加"童年"视频素材　图8-85　调整"圆形"蒙版

步骤 08 点击"动画"按钮▣，在弹出的界面中点击"入场动画"按钮，选择"渐显"动画，拖动滑块调整时长为0.3s，然后点击☑按钮，如图8-87所示。

步骤 09 点击"滤镜"按钮◙，在弹出的界面中选择"室内"分类，选择"安愉"滤镜，拖动滑块调整滤镜强度为60，然后点击☑按钮，如图8-88所示。调整"安愉"滤镜的长度，使其覆盖整个短视频。

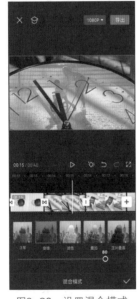
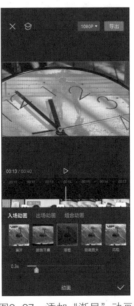

图8-86　设置混合模式　　图8-87　添加"渐显"动画　　图8-88　应用"安愉"滤镜

3. 添加字幕

下面为短视频中的旁白添加字幕，具体操作方法如下。

步骤 01 在一级工具栏中点击"文字"按钮 T ，在弹出的界面中点击"识别字幕"按钮 A ，如图 8-89 所示。

步骤 02 在弹出的界面中点击"开始匹配"按钮，开始自动识别旁白中的字幕，如图 8-90 所示。

步骤 03 识别完成后，可以看到识别出的字幕素材。选中字幕素材，点击"编辑"按钮 Aa ，如图 8-91 所示。

图8-89 点击"识别字幕"按钮

图8-90 点击"开始匹配"按钮

图8-91 点击"编辑"按钮

步骤 04 弹出文本编辑界面，点击"字体"按钮，然后点击"书法"标签，选择"柳公权"字体，如图 8-92 所示。

步骤 05 点击"样式"按钮，然后选择所需的文本样式，如图 8-93 所示。

步骤 06 点击"背景"标签，选择白色背景，调整透明度为 50%，然后点击 ✓ 按钮，如图 8-94 所示。

步骤 07 对文本素材进行分割，然后编辑文字，删除多余的文字，如图 8-95 所示。

步骤 08 选中文本，点击"动画"按钮 ◎ ，点击"入场"标签，选择"生长"动画，拖动滑块调整时长，如图 8-96 所示。

步骤 09 点击"出场"标签，选择"渐隐"动画，拖动滑块调整时长，然后点击 ✓ 按钮，如图 8-97 所示。

图8-92　设置字体

图8-93　选择文本样式

图8-94　设置文本背景

图8-95　分割并编辑文字

图8-96　设置入场动画

图8-97　设置出场动画

8.4　课堂案例：拍摄与制作微电影类短视频

微电影是一种适合在移动状态和短时休闲状态下观看的，具有完整策划和系统制作体系支持的，具有完整故事情节的视频作品，时长比一般的短视频长。微电影的题材多样，如家国情怀、青春励志、感人亲情等，它们因传播目的不同而表现出了独特的审美特征。下面以拍摄与制作"梦回土家"微电影为例，介绍其拍摄与制作方法。

8.4.1　拍摄"梦回土家"微电影

微电影通常会按照脚本进行拍摄，由大量单个镜头组成。本例微电影共拍摄了29个镜头，下面按照脚本顺序对各镜头的拍摄方法进行简要介绍。

（1）"视频1"镜头从人物背后拍摄人物的中景镜头，人物背手站立门前看向远方，采用推拉运镜进行拍摄，如图8-98所示。

（2）"视频2"镜头从斜侧面拍摄土家族民居，展示吊脚楼建筑风格，采用平移运镜进行拍摄，如图8-99所示。

图8-98　"视频1"镜头　　　　　　图8-99　"视频2"镜头

（3）"视频3""视频4""视频5"镜头拍摄人物在细雨天气的田埂上举着荷叶小跑。其中，"视频3"镜头采用低角度从正侧面拍摄人物跑动时脚部的特写镜头，采用横移运镜进行拍摄，如图8-100所示。

（4）"视频4"镜头从人物正侧面拍摄人物跑动的全景镜头，采用横移运镜进行拍摄，如图8-101所示。

图8-100　"视频3"镜头　　　　　　图8-101　"视频4"镜头

（5）"视频5"镜头从人物侧面拍摄人物面部的特写镜头，采用环绕运镜进行拍摄，如图8-102所示。

图8-102　"视频5"镜头

（6）"视频6"和"视频7"镜头拍摄人物闻花香画面。"视频6"镜头从人物侧后方拍摄人物走向路边花旁，低头伸手闻花香，采用固定镜头进行拍摄，如图8-103所示。"视频7"镜头从正面俯拍人物闻花香的特写镜头，采用固定镜头进行拍摄，如图8-104所示。

图8-103　"视频6"镜头　　　　　　　图8-104　"视频7"镜头

（7）"视频8"镜头从正面拍摄人物背着背篓行走的远景镜头，采用固定镜头进行拍摄，如图8-105所示。

（8）"视频9"镜头从背后拍摄人物背着背篓行走的中近景镜头，采用跟随运镜进行拍摄，如图8-106所示。

图8-105　"视频8"镜头　　　　　　　图8-106　"视频9"镜头

（9）"视频10"镜头从背后拍摄人物转身并呐喊的近景镜头，采用固定镜头进行拍摄，如图8-107所示。

图8-107　"视频10"镜头

（10）"视频11"镜头拍摄人物手拿药草的特写镜头，采用环绕运镜进行拍摄，运镜方向与上一镜头中人物转身的方向一致，如图8-108所示。

（11）"视频12"镜头拍摄人物低头闻药草的中景镜头，采用固定镜头进行拍摄，如图8-109所示。

图8-108 "视频11"镜头

图8-109 "视频12"镜头

（12）"视频13"镜头从侧面拍摄人物背着背篓行走的全景镜头，采用跟随运镜进行拍摄，如图8-110所示。

（13）"视频14"镜头从背后拍摄人物背着背篓行走的近景镜头，人物先是行走，然后驻足环顾，然后继续行走，采用跟随运镜进行拍摄，如图8-111所示。

图8-110 "视频13"镜头

图8-111 "视频14"镜头

（14）"视频15"镜头从人物正面拍摄人物拿着野花跑向镜头，采用固定镜头+摇镜头运镜组合方式进行拍摄，如图8-112所示。

图8-112 "视频15"镜头

（15）"视频16"镜头是从山上俯拍村落的远景镜头，在拍摄时轻微摇动镜头，如图8-113所示。

（16）"视频17"镜头拍摄房屋门口老人们休闲打牌的全景镜头，在人群旁还有一只白狗入镜，在拍摄时轻微摇动镜头，如图8-114所示。

（17）"视频18"镜头拍摄白狗的近景镜头，记录白狗转头的动作，采用环绕运镜进行拍摄，如图8-115所示。

（18）"视频19"和"视频20"镜头从前侧面拍摄人物坐在门口择菜的镜头，其中"视频19"为平拍的中景镜头（见图8-116），"视频20"为仰拍的近景镜头（见图8-117），两个镜头均采用固定镜头进行拍摄。

图8-113 "视频16"镜头

图8-114 "视频17"镜头

图8-115 "视频18"镜头

图8-116 "视频19"镜头

图8-117 "视频20"镜头

（19）"视频21"镜头从背后拍摄人物在田间小路上往家走的镜头，采用固定镜头进行拍摄，如图8-118所示。

（20）"视频22"镜头从侧面仰拍人物回家走上台阶的镜头，采用微环绕运镜进行拍摄，如图8-119所示。

图8-118 "视频21"镜头

图8-119 "视频22"镜头

（21）"视频23"镜头接上一个镜头，从正面低机位拍摄人物在房前走路的脚部特写镜头，采用固定镜头进行拍摄，如图8-120所示。

（22）"视频24"镜头从人物侧前方拍摄人物抱柴行走的镜头，采用固定镜头+摇镜头运镜进行拍摄，如图8-121所示。

图8-120　"视频23"镜头

图8-121　"视频24"镜头

（23）"视频25""视频26""视频27"镜头为人物择菜的一组镜头。其中，"视频25"镜头俯拍人物蹲在地上捡起一棵菜的手部特写镜头，采用固定镜头进行拍摄，如图8-122所示。

（24）"视频26"镜头拍摄人物择菜的近景镜头，择完一棵菜后，将菜扔向旁边的木箱中，在拍摄时轻微摇动镜头，如图8-123所示。

图8-122　"视频25"镜头

图8-123　"视频26"镜头

（25）"视频27"镜头拍摄菜落入木箱的特写镜头，采用固定镜头进行拍摄，如图8-124所示。

图8-124　"视频27"镜头

（26）"视频28"镜头从侧面拍摄人物背手站立看向远方的近景镜头，与"视频1"镜头相呼应，采用环绕运镜进行拍摄，如图8-125所示。

（27）"视频29"镜头从侧面拍摄人物在水池边行走的远景镜头，采用固定镜头进行拍摄，如图8-126所示。

图8-125　"视频28"镜头

图8-126　"视频29"镜头

185

8.4.2　制作"梦回土家"微电影

下面将详细介绍如何在剪映App中对"梦回土家"微电影进行后期剪辑。

1.　剪辑视频素材

下面对视频素材进行剪辑，先按照拍摄脚本对视频素材进行粗剪，然后添加合适的背景音乐，并根据音乐对视频素材进行调整，如调整速度、调整剪切点位置等，具体操作方法如下。

视频

剪辑视频素材

步骤 01　将视频素材依次导入剪映剪辑界面，根据需要对各视频素材进行修剪，裁掉没用的画面，如图8-127所示。

步骤 02　点击"音频"按钮 🎵，然后点击"音乐"按钮 🎵，在打开的界面中选择"抖音收藏"选项卡，选择收藏的抖音短视频音乐，点击"使用"按钮，如图8-128所示。

步骤 03　在主轨道最左侧点击"关闭原声"按钮 🔇，选中添加的音乐，然后点击"节拍"按钮 🎵，如图8-129所示。

图8-127　修剪视频素材　　　图8-128　添加音乐　　　图8-129　点击"节拍"按钮

步骤 04　在弹出的界面中打开"自动踩点"开关 ⬤，拖动滑块选择踩点快慢节奏，然后点击 ✓ 按钮，如图8-130所示。

步骤 05　对"视频2"素材进行精剪，使素材的剪切点与音乐节拍或人声位置对齐。选中"视频2"素材，点击"常规变速"按钮 ⏩，在弹出的界面中拖动滑块调整"视频2"素材的播放速度，然后点击 ✓ 按钮，如图8-131所示。采用同样的方法，对其他视频素材的播放速度进行调整，让视频画面播放适合背景音乐的节奏。

步骤 06　对一组镜头的多个视频素材进行精剪，如人物在田埂上跑动的镜头，修剪"视频3"素材的右端到画面中人物左腿刚要落下的位置，如图8-132所示。

图8-130　设置音乐自动踩点

图8-131　设置常规变速

图8-132　修剪"视频3"素材

步骤 **07** 修剪"视频4"素材的左端，同样将其修剪到人物左腿快要落下的位置，使这两个画面的腿部动作一致，如图8-133所示。

步骤 **08** 将"视频6"素材的右端修剪到人手托起花朵的位置，如图8-134所示。

步骤 **09** 将"视频7"素材的左端同样修剪到人手托起花朵的位置，如图8-135所示。采用同样的方法，对"视频25""视频26""视频27"这一组人物捡菜、择菜、放菜的动作进行修剪，使这三个镜头衔接得更流畅。

图8-133　修剪"视频4"素材

图8-134　修剪"视频6"素材

图8-135　修剪"视频7"素材

2. 添加视频效果

下面为短视频添加转场效果、动画效果和音效等，具体操作方法如下。

视频

添加视频效果

步骤 01 选中"视频1"素材，点击"动画"按钮▣，在弹出的界面中点击"出场动画"按钮，选择"轻微放大"动画，拖动滑块将动画时长调至最长，点击✓按钮，即可制作画面轻微放大动画，如图8-136所示。采用同样的方法，分别为"视频16"和"视频17"素材制作轻微放大动画。

步骤 02 点击"视频1"和"视频2"素材之间的"转场"按钮Ⅰ，在弹出的界面中选择"热门"分类中的"叠化"转场，拖动滑块调整转场时长为0.9s，如图8-137所示。

步骤 03 采用同样的方法，在需要添加转场的位置添加"叠化"转场效果，在此分别在"视频9"和"视频10"，"视频20"和"视频21"，"视频28"和"视频29"素材之间添加"叠化"转场效果，如图8-138所示。

图8-136 制作画面轻微 　图8-137 添加"叠化"转场 　图8-138 为其他视频素材
放大动画 　　　　　　　　　　　　　　　　　　　　之间添加"叠化"转场

步骤 04 将时间指针定位到最后一个视频素材的开始位置，在一级工具栏中点击"音频"按钮♪，然后点击"音效"按钮🔊，在弹出的界面中搜索"鸟叫狗吠"，在搜索结果列表中选择要使用的音效，点击"使用"按钮，如图8-139所示。

步骤 05 对音效素材进行修剪，点击"音量"按钮🔊，在弹出的界面中向右拖动滑块增大音效的音量，然后点击✓按钮，如图8-140所示。

步骤 06 点击"淡化"按钮■，在弹出的界面中调整淡出时长为2s，然后点击☑按钮，如图8-141所示。采用同样的方法，调整背景音乐的淡出时长为2s。

图8-139　点击"使用"按钮　　　图8-140　增大音效的音量　　　图8-141　调整淡出时长

3. 视频调色

下面对微电影进行调色，使画面具有电影感，具体操作方法如下。

步骤 01 将时间指针定位到要调色的视频素材中，在一级工具栏中点击"滤镜"按钮，如图8-142所示。

视频

视频调色

步骤 02 在弹出的界面中选择"复古胶片"分类，然后选择"贝松绿"滤镜，拖动滑块调整滤镜强度为65，如图8-143所示。

步骤 03 点击"调节"按钮，进入"调节"界面，根据需要调整各项"调节"参数，在此调整对比度+15，饱和度为+20，色温为+10，暗角为+5，亮度为−4，然后点击☑按钮，效果如图8-144所示。调整"调节"素材的长度，使其覆盖整个短视频。

步骤 04 预览整体视频调色效果，对画面偏亮或偏暗的视频素材进行单独调色，降低或提高其亮度，如图8-145所示。

步骤 05 选中"视频5"素材，点击"滤镜"按钮，在弹出的界面中选择"人像"分类，然后选择"亮肤"滤镜，提亮人物肤色，如图8-146所示。

步骤 06 点击"美颜美体"按钮，然后点击"美颜"按钮，在弹出的界面中点击"磨皮"按钮，拖动滑块调整磨皮强度，然后点击☑按钮，如图8-147所示。采用同样的方法，调整其他需要美白和磨皮的视频素材。

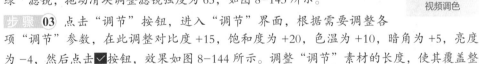

图8-142　点击"滤镜"按钮　图8-143　选择"贝松绿"滤镜　图8-144　调整"调节"参数

图8-145　调整亮度　　　图8-146　应用"亮肤"滤镜　图8-147　调整磨皮强度

4. 添加字幕

下面为微电影制作标题字幕，具体操作方法如下。

步骤 **01** 将时间指针定位到要添加标题字幕的位置，在一级工具栏中点击"文字"按钮 T，然后点击"新建文本"按钮 A+，在弹出的界面中输入标题文字，点击"字体"按钮，然后点击"书法"标签，选择"古风小楷"字体，如图8-148所示。

视频

添加字幕

步骤 02 点击"样式"按钮,然后点击"排列"标签,拖动滑块调整"字间距"为 −2,如图 8-149 所示。

图8-148 设置字体 图8-149 调整字间距

步骤 03 点击"动画"按钮,然后点击"入场"标签,选择"溶解"动画,拖动滑块调整时长为 1.5s,如图 8-150 所示。

步骤 04 点击"出场"标签,选择"渐隐"动画,拖动滑块调整时长为 1.0s,然后点击✓按钮,如图 8-151 所示。

图8-150 设置入场动画 图8-151 设置出场动画

步骤 05 根据需要调整文本素材的长度和位置，如图 8-152 所示。

步骤 06 采用同样的方法新建文本，输入标题文字的拼音作为修饰，然后为文本添加同样的动画效果，调整文本素材的长度和位置，如图 8-153 所示。

图8-152　调整文本素材　　图8-153　创建拼音文本素材

课后练习

　　1. 打开"素材文件\第8章\课后练习\探店"文件夹，将视频素材导入剪映中，制作一条美食探店短视频。

　　2. 打开"素材文件\第8章\课后练习\商品"文件夹，将视频素材导入剪映中，制作一条商品宣传短视频。